Michael Loebbert

The Art of Change

Von der Kunst, Veränderungen in Unternehmen
und Organisationen zu führen

Rosenberger Fachverlag Leonberg

Bibliografische Information der Deutschen Bibliothek

Die Deutsche Bibliothek verzeichnet diese Publikation in der Deutschen Nationalbibliografie; detaillierte bibliografische Daten sind im Internet unter http://dnb.ddb.de abrufbar.

www.rosenberger-fachverlag.de

Umschlaggestaltung und Grafik: Eva Martinez, Stuttgart
Lektorat: Manuela Olsson, M.A., Göppingen
Satz: UM-Satz- & Werbestudio Ulrike Messer, Weissach
Druck: AALEXX Druck, Großburgwedel
Printed in Germany
ISBN-10: 3-931085-54-6
ISBN-13: 978-3-931085-54-4

Für meine Eltern und Kinder

Inhalt

Verzeichnis der Abbildungen

Geleitwort

Wenn ich dem deutschen Vordenker in Sachen Storymanagement ein Geleitwort schreiben darf, dann ist es wohl sinnvoll, dies mit einer tollen Geschichte zu versuchen. Mir fällt da die Geschichte des weisen Mannes ein, der im Paradies Bingo spielte. Spielen Sie mit mir diese Bingo-Geschichte durch, es ist quasi ein Change-Bingo. Die Zahlen, die dieser Mann im Change-Bingo zog, sind: 70, 98, 68, 71, 87, 77. Hoffnungsvoll versuchte der weise Mann sein Glück, er stellte jedoch ernüchtert fest, dass er allesamt Nieten gezogen hatte. Hier bricht der Spannungsbogen dieser Geschichte. Denn die Geschichte ist nicht erfunden, sie handelt nicht im Paradies, sondern sie entspricht den Realitäten des Change-Business:

- 70 Prozent aller Change-Management-Projekte erreichen die kommunizierten Ziele nicht ...[1]
- Wichtigste Anforderung an Mitarbeitende, um im Wandel erfolgreich zu bestehen, ist aus Sicht der Bosse: Offensein für Neues mit 98 Prozent Zustimmung[2], Flexibilität mit 97 Prozent Zustimmung ...
- Nach den eigenen Ängsten befragt, formulieren dieselben Bosse ihre Ängste wie folgt: 68 Prozent haben Angst vor dem Tempo des Wandels, 60 Prozent vor der Unberechenbarkeit des Wandels, 53 Prozent haben Angst, etwas ganz anderes machen zu müssen ...[3]
- 71 Prozent der befragten Bosse würden gerne an ihrer Unternehmenskultur was ändern, wenn sie könnten ...[4]
- 87 Prozent der befragten Unternehmen haben eine Vision oder ein formuliertes Leitbild.[5] Auf die Frage, wie viel diese Vision mit dem Unternehmensalltag zu tun habe, antworteten 77,3 Prozent der befragten Bosse (nicht die Mitarbeitenden!), dass die kommunizierte Vision nichts mit der gelebten Realität zu tun habe ...[6]

[1] Aus einer Studie von A. T. KEARNY, 1998.
[2] Befragung von 562 Führungskräften von Schweizer Unternehmen, vgl. JOST (1998): Der Change Navigator.
[3] Ebda.
[4] Grundlagenstudie „Unternehmenskultur", Befragung von 262 Top-Managern der 300 größten Unternehmen der Schweiz, vgl. JOST (2003): Unternehmenskultur – Wie weiche Faktoren zu harten Fakten werden.
[5] Befragung von 562 Führungskräften von Schweizer Unternehmen, vgl. JOST (1998): Der Change Navigator.
[6] Ebda.

Mit Verlaub, irgendetwas scheint hier schief gelaufen zu sein, denn jede durchschnittliche Führungskraft käme bei einem solchen Erfolgsausweis in Erklärungsnotstand. Warum jedoch diese Fehlertoleranz, wenn es um Change Management geht?

Management of Change ist Rüstzeug und wichtigste Währung nachhaltig erfolgreicher Führung. Doch jeder Change ist anders, die Lernkurve immer wieder neu. „Make it fast, make it last", ist das Ziel, das Resultat oft ernüchternde Erfolgsfreiheit. Mangelnde Qualifizierung, fehlende Kohärenz, falsche Fokussierung und hektischer Aktionismus sind Treiber vermeidbarer Komplexität. Fast allen Change-Prozessen, die in diesem Bingo-Spiel vorkommen, ist eines gemeinsam: Ihnen fehlt die Sinnhaftigkeit, sie sind seelenlos, weil sie die wichtigsten Währungen guter Führung vernachlässigen, namentlich die Glaubwürdigkeit und das Vertrauen in den Mensch und in das Gelingen der Sache. Allzu viele „Change-Survivors" hangeln sich von einem Kick-off zum nächsten und haben innerlich abgeschaltet, die Augen sind matt, die Management-Floskeln prallen am mentalen Selbstschutz und an der Restmenge von Selbstwertgefühl ab.

Michael Loebberts „The Art of Change" ist ein Plädoyer für die Entkomplizierung dieser oft zu mechanistischen Change-Ansätze: Machen Sie aus Ihrer Veränderung eine gute Geschichte. Das gelingt Ihnen, wenn Sie einen Gang zurückschalten, das Wesentliche richtig tun und dies authentisch vermitteln. Das ist doch eine tolle Geschichte. Oder haben Sie je einen Papst mit einer Powerpoint-Folie gesehen?

Hans Rudolf Jost
Change Factory Unternehmensberatung AG
Zürich, im Oktober 2005

Vorwort

Es gibt noch andere für Führungskräfte lesenswerte Bücher zum Thema Change Management. Auf einige habe ich in den Anmerkungen und Literaturempfehlungen hingewiesen. Das vorliegende Buch ist eine Einführung: Es *führt*, indem es Veränderungen in Organisationen und Unternehmen in einen Rahmen stellt und ihren Sinn deutlich macht. Es *führt ein*, indem unterschiedliche Ansätze und beispielhafte Werkzeuge vorgestellt werden, die der inneren Logik von Veränderungen und ihren Zwecken folgen. Das ist mir wichtig, weil die Überzeugung, dass und welchen Sinn eine Veränderung macht, ein wichtiger Erfolgsfaktor für ihr Gelingen ist. Hintergrund ist ein pragmatisches Verständnis von „Veränderung" und auch von „Sinn": Tatsächlich sind es wir Menschen als Personen, die Veränderungen konkret gestalten und damit auch den Sinn, den eine Veränderung konkret für uns „macht" (englisch: to make sense). Mit diesem Unterschied sollte die Lektüre auch für Sie lohnend sein, wenn Sie schon andere Bücher zu diesem Thema gelesen haben.

Nutzen Sie das Büchlein einfach als ein Brevier (von lateinisch „breve" = kurz). Es ist kurz, weil es eine Einführung ist und so gelesen werden kann. Es ist kurz, weil darin nur die wichtigsten Fragen der Führung von Veränderungen dargestellt sind, die allerdings aus Sicht und Erfahrung des Autors auch die entscheidenden sind. Es ist auch kurz, weil die wirklichen Veränderungen in Organisationen viel komplexer verlaufen, als dass sie durch ein Buch gefasst werden könnten: Die „Kürze" soll Leserinnen und Lesern Raum geben für ihre eigenen Vorstellungen und Erfahrungen. Dazu wünsche ich Ihnen viel Freude.

Michael Loebbert
Schopfheim, im Oktober 2005

Einleitung: Veränderung führen als Kunst

Menschen brauchen Veränderung, um sich persönlich zu entwickeln und sich als Persönlichkeiten zu entwickeln. Sich selbst zu verändern, berührt das Innerste meiner Person. Veränderungen der Welt und der Organisationen, in denen wir leben und arbeiten, sind wie Fragen: Wer bin ich? Was will ich eigentlich? Was und wie will ich mich verändern? In was für einer Welt will ich leben?

Als Führungskraft in einem Unternehmen oder einer Organisation haben Sie es in besonderer Weise mit Veränderungen zu tun. Sie haben nicht nur die Verantwortung für Ihre eigene Veränderung, sondern auch dafür, dass andere Menschen sich verändern können, um in einer veränderten Organisation weiter erfolgreich zu sein und zum Erfolg der Organisation beizutragen.

Veränderung führen ist eine Kernkompetenz für das 21. Jahrhundert: Kommunikation und Warenaustausch werden weltumspannend und immer vernetzter. Traditionelle reglementierte Formen des Zusammenlebens und -arbeitens lösen sich auf. Wissenszuwachs und technische Entwicklung beschleunigen sich weiter. Das Zusammenwachsen der Welt ist verbunden mit der Verbreitung demokratischer und freiheitlicher politischer Ordnungen. Diese Phänomene bewirken eine Beschleunigung und Dynamisierung der Veränderungen in Gesellschaft und Unternehmen.

Führungskräfte haben es mit Veränderungen zu tun und bekommen immer mehr damit zu tun. Dafür stellt dieses Buch eine Grundausrüstung von Leitvorstellungen und Erfahrungen zur Verfügung, um Veränderungen in Organisationen zu meistern. „The Art of Change" leistet hier Hilfestellung, indem es an der Erlebnisebene der Beteiligten anknüpft, die es konkret mit Veränderungen zu tun haben.

Mit diesem Buch halten Sie eine Wegbeschreibung in der Hand. Auf besondere Instrumente des Projektmanagements, der Gestaltung von Kommunikation, der Budgetierung und des Controllings, genau so wie auf die besonderen Merkmale unterschiedlicher Veränderungsvorhaben von der Restrukturierung bis zum Unternehmenszusammenschluss verweise ich. Instrumente, didaktische Vertiefungen und weiterführende Themen des

Change Managements sind im Text hervorgehoben. Ihre Darstellung
dient der Orientierung und der Reflexion. Ich beschränke mich dabei auf
solche, die nach meiner Erfahrung besonders für Führungskräfte wichtig sind. Standardwerke und Sammlungen mit Instrumenten kommen-
tiere ich im Anhang mit einem Literaturverzeichnis. Gerne schicken
Sie mir, wenn Sie Fragen oder auch Bemerkungen haben, eine E-Mail
(info@the-art-of-change.com).

Grundsätze und Handlungsanweisungen für erfolgreiche Veränderung
sind in den ersten beiden Kapiteln dargestellt und in eine dramaturgische
Reihenfolge gebracht. Damit wissen Sie genau, zu welchem Zeitpunkt
einer Veränderung welche Führungsintervention wirksam ist. Anhand
der Geschichte von Moses und der Befreiung des Volkes Israel aus Ägypten führe ich Sie in die kritischen Phasen, Führungsinterventionen und
Erfolgsfaktoren von Veränderungsprozessen ein. Diese Geschichte erweist sich dabei nicht nur als ein gutes didaktisches Mittel, sondern ist
zugleich eine Art Blaupause für erfolgreiches Veränderungsmanagement.
Das dritte Kapitel nimmt die Linien der ersten beiden auf und zeichnet
den größeren Zusammenhang: Ziel ist es, im Wettbewerb von Leistungen und Organisationen Veränderungsführerschaft zu erreichen und zu
erhalten.

Veränderung ist kein Selbstzweck, sondern Weg und Mittel, Ziele zu
erreichen und Zwecke zu verwirklichen. Wenn die Ziele überzeugen
und dem Weg Vertrauen entgegengebracht wird, werden Sie Menschen erfolgreich in Veränderung führen und Ihr Unternehmen, Ihre
Organisation erfolgreich verändern.

Die pragmatische Vorstellung der Verbesserung durch Veränderung wird
damit noch einmal eingerahmt durch die Idee der *Freiheit*, wie sie unserem Wirtschafts- und Gesellschaftssystem zu Grunde liegt. Tatsächlich
bin ich der Überzeugung, dass wirksame und von den Beteiligten als sinn-
haft erlebte Veränderung daher ihre Kraft bezieht.

Das ist für mich der Übergang zu einer *Kunst des Veränderns*: Umgang
mit den vielfältigsten Möglichkeiten und Unsicherheiten komplexer Organisationen, der Raum, in dem sich wirklich Neues ereignet, Aus-

tauschbeziehungen, Leistungen und Produkte plötzlich in ein neues Licht getaucht sind, Menschen durch Krisen gehen und neuen Sinn erfahren. – Vielleicht nennen Sie das etwas „idealistisch" oder „abgehoben", wenn Sie es mit Ihren Alltagsschwierigkeiten vergleichen. Nach meiner Erfahrung als Berater in vielen Veränderungsprozessen in unterschiedlichsten Firmen und Organisationen, ist es allerdings dieses Neue[1], was die Menschen begeistert und den Unterschied des Erfolgs von Veränderungen ausmacht. Wenn Sie dafür einen Blick bekommen und das im Blick behalten, ist für mich ein wichtiges Ziel dieses Buchs erreicht.

Etwa 65 Prozent der Veränderungsprojekte in Organisationen und Unternehmen erreichen die angestrebten Ziele nicht. Dabei gibt es einen wissenschaftlich[2] belegbaren Zusammenhang der Bewertung des Erfolgs mit der Bewertung der Qualität des Veränderungsmanagements: In als erfolgreich beurteilten Veränderungsprojekten bezeichnen die Beteiligten die Qualität von Führung und Management als gut oder sehr gut. Umgekehrt wird von Beteiligten nicht erfolgreicher Veränderungen auch die Qualität des Managements schlechter beurteilt.

Aus Sicht der Beteiligten tragen insbesondere die *kulturellen Faktoren* zum Gelingen einer Veränderung bei.[3] Dazu gehört ein hohes Maß an Glaubwürdigkeit. Führungskräfte sind die Vorbilder der Veränderung. Alle oder möglichst viele Führungskräfte übernehmen in ihren unterschiedlichen Rollen Verantwortung für das Gelingen der Veränderung und können die entsprechenden Managementwerkzeuge anwenden.

Anmerkung zu den Anmerkungen: Die Anmerkungen sind so konzipiert, dass sie zum Verständnis des Haupttextes nicht notwendig sind. Sie dürfen sie also auch beim Lesen überspringen. Wenn Sie sie nutzen wollen, tragen sie hoffentlich zur Vertiefung bei.

[1] Diese Eigenschaft sozialer Systeme, Neues hervorzubringen nennt man in der Systemtheorie „Emergenz". Weiterführend PETER SENGE, CLAUS OTTO SCHARMER, BETTY SUE FLOWERS (2005): Presence – an Exploration of Profound Change.

[2] Die empirische Erforschung von Veränderungsprojekten in Organisationen hat in den letzten Jahren zugenommen. Meine Behauptung stütze ich auf Untersuchungen im internationalen Vergleich (McKinsey: JENNIFER A. LACLAIR, RAVI P. RAO, 2002) und auch in deutschen Unternehmen (FH Esslingen: DIETMAR VAHS, WOLF LEISER 2003). In die gleiche Richtung geht die Change Management Studie von Capgemini (2003).

[3] Vergleiche die Grundlagenforschung von HANS RUDOLF JOST (2003): Unternehmenskultur – Wie weiche Faktoren zu harten Fakten werden.

Erfolgreiche Veränderung braucht

1. die Veränderung der Strukturen und Abläufe,
2. die Selbstveränderung der beteiligten Menschen und
3. eine „ästhetische", wahrnehmbare Vorstellung[4] davon oder auch „Vision" und Perspektive, was der Sinn der Veränderung konkret sein soll.

Veränderungen erfolgreich zu führen ist eine Kunst, die sich weder in Techniken noch in Wissenschaft erschöpft. Natürlich braucht es das Handwerk und die Technik, Projekte zu planen und zu steuern, wirkungsvolle Kommunikation zu gestalten, Lernprozesse voranzubringen. Es braucht Wissenschaft und Wissen über das Zusammenwirken der Führungsinterventionen und Faktoren von Veränderungen, Erforschung von unterschiedlichen Organisationsformen in ihren Wirkungen und der Bedingungen gelingender Lernprozesse. Eine Organisationsänderung ist mit wenigen Strichen auf dem Papier oder am Bildschirm durchgeführt. Ohne Kunst aber bleiben Veränderungen „blutleer" und kraftlos. Sie werden auf dem Papier geplant, aber nicht gelebt. Und wenn sie gelebt werden, fehlt doch die Freude und Begeisterung der Beteiligten, die ihren Sinn ausmachen.

Verändern ist die Kunst, den Zweck des Unternehmens und seiner Veränderung für die Beteiligten als eine gute Geschichte zu erzählen und zu einer guten Geschichte werden zu lassen. Ihrer eigenen!

Die ausgefeiltesten Interventionen und Projektpläne sind relativ wirkungslos, wenn die Beteiligten nicht einsehen, wofür sie sich engagieren sollen, und dass sie das auch in ihrem eigenen Leben voranbringt. Dazu werden die Werkzeuge und Führungsinterventionen des Veränderns an das konkrete Sinnerleben der Beteiligten gekoppelt. Leitend dabei ist eine anthropologische Tatsache: Damit wir Menschen uns für eine Veränderung einsetzen, uns wirklich aktiv an einer Veränderung beteiligen, muss sie auch Sinn für uns machen. Wirksame Managementinterventionen in Veränderungsprozessen folgen dem Prozess der organisatorischen Sinnproduktion.

---

[4]   Darin folge ich FRIEDRICH SCHILLER (1795): Briefe zur ästhetischen Erziehung des Menschen. – Das vorliegende Buch wurde nicht ganz zufällig im Schillerjahr 2005 geschrieben..

Mit dieser Vorstellung von der Kunst des Veränderns ändert sich die Rolle und Auffassung von Führung in Veränderungen. Führen ist aus dieser Sicht keine mechanische Konstruktion, auch kein Dressurakt oder physikalisches Experiment. Am ehesten ist Führen mit dem *kreativen Prozess eines Autors und Regisseurs* zu vergleichen: Führen ist (Er-)finden und Inszenieren von Geschichten, in denen Menschen, Mitarbeiter, Kunden, Lieferanten, Kapitalgeber, ihre Rolle und Bedeutung finden und gestalten können. Nur geht es hier nicht um erfundene und ausgedachte Geschichten, sondern um wirkliche Geschichten mit wirklichen Menschen und ihren wirklichen Herausforderungen und Problemen.

Ich möchte, dass die Erfolgsrate von Veränderungen erhöht wird. In Wirtschaftsunternehmen, auch in sozialen und gemeinwirtschaftlichen Unternehmen braucht es erhebliche Veränderungen, um die Voraussetzungen für einen erfolgreichen Start in dieses Jahrhundert zu schaffen. Dazu gehört der Umbau von Sozialsystemen und Verwaltungen zu effizienten und unternehmerisch agierenden Dienstleistungsorganisationen, die Integration der Leistungsprozesse in Unternehmen in die globalen Geschäftsmodelle und die Entwicklung neuer unternehmerischer Initiativen für unsere drängenden Herausforderungen der Ökologie, der Bildungssysteme und der sozialen Gerechtigkeit. Dazu müssen Fähigkeiten erworben und muss der Wille zur Veränderung selbst geweckt werden. Das ist Voraussetzung, um die komplexen und vielfältigen Herausforderungen dieses Jahrhunderts zu meistern.

Mahatma Gandhi, der indische Weise und Politiker, war einer der wirksamsten Veränderungsführer. Mit seinen Worten und Taten führte er den indischen Subkontinent zur Befreiung von der englischen Kolonialherrschaft. Die von ihm eingesetzten Mittel der Gewaltlosigkeit boten die einzigartige geschichtliche Chance, die weltweit stattfindende Dekolonialisierung in Indien vergleichsweise friedlich einzuleiten. Es gab andere politische Führer wie Martin Luther King oder Wirtschaftsführer wie Jack Welch (General Electric) und Carly Fiorina[5] (Hewlett Packard), die uns

---

[5] Das ist hier eine kleine Provokation für Leserinnen und Leser, welche die Geschichte kennen: Carly Fiorina musste ja relativ bald nach der Fusion mit Compaq gehen. Die Aktionäre waren mit dem Gewinn nicht zufrieden. Unternehmerisch allerdings war die Einverleibung von Compaq wahrscheinlich der beste und kostengünstigste Weg für eine mittelfristige Erfolgssicherung von Hewlett Packard und auch für Compaq. Die Geschichte ist noch nicht zu Ende erzählt.

vor Augen stehen. Sie haben bewegt und etwas voran gebracht. Gemeinsam ist ihnen ihre Wirksamkeit.

Wirksamkeit ist verbunden mit Urteilskraft, das Richtige tun, und Timing, das Richtige zur rechten Zeit tun. Das ist die Kunst des erfolgreichen Veränderns. Und diese Kunst können Sie lernen. Darin wird Sie dieses Buch unterstützen.

Als Autor bin ich dabei schon so etwas wie ein Veränderungsberater. Wenn diese Buchstaben einen Wert für Sie haben werden, werden sie Sie nicht unverändert lassen. Ihre Vorstellungen von Veränderungen in Unternehmen sollen Sie derart verändern, entwickeln oder auch bestätigen, dass Sie eine gute Chance haben, Veränderungen erfolgreich zu führen – und Resultate zu erreichen, die Sie erreichen wollen.

1 Die Grundsätze

Nur wer sich verändert, bleibt sich treu.
Wolf Biermann

Wie die Geschichte anfängt

Im Alter von neunundzwanzig (vor bald zwanzig Jahren) ging ich zum zehnjährigen Treffen unseres Abiturjahrgangs. „Du hast dich aber verändert! Ich hätte dich kaum wieder erkannt!" Das hörte ich von meinen Klassenkameraden. Ja, ich hatte mich verändert, und ich war stolz darauf. – Für einen Augenblick überlegte ich, wie ich mich fühlen würde, wenn ich diese Veränderung nicht vollbracht hätte. Eingebildet auf meine intellektuellen Fähigkeiten, unsicher und misstrauisch zugleich, wenn es um die alltäglichen menschlichen Dinge ging. Wenn etwas nicht so lief, wie ich es mir vorstellte, war zunächst „die Gesellschaft" schuld. Über Leistungen und Erfolge anderer sprach ich nur abschätzig.

Ja, ich hatte mich verändert. Meine Arbeit im Sozialbereich hatte mich gelehrt, die einzigartigen Fähigkeiten und Beiträge von Menschen wertzuschätzen, die auf meiner Skala früher eher unten standen. Durch mein Studium der Philosophie war ich bescheiden geworden in der Einschätzung meiner eigenen geistigen Fähigkeiten. Und nicht zuletzt war ich damals seit zwei Jahren verheiratet und gerade Vater zweier Töchter geworden, die mir beigebracht hatten, für meine eigenen Dinge gerade zu stehen.

Das war zu der Zeit, da ich als Junior in eine Unternehmensberatung eintrat, und anfing, mich für Veränderungen in Organisationen zu interessieren. Meine erste verantwortliche Beratungserfahrung durfte ich bei einem Veränderungsprojekt in einem Krankenhaus machen. Es sollte vor allem darum gehen, mit den vorhandenen Möglichkeiten und Ressourcen Leistungen zu verbessern und effizienter zu organisieren. In der Vergangenheit war es zu einigen Problemen gekommen. Zwischen den Ärzten gab es einen offenen Streit um die Nutzung der Operationsmöglichkeiten, der dazu führte, dass der Chefarzt entnervt die Klinik verließ. In den Abrechnungen gab es Unregelmäßigkeiten, die eine Prüfung durch die Kassen erforderlich machten. Im Pflegebereich gab es eine Kündigungswelle guter Mitarbeiterinnen. Die Pflegedienstleitung hatte mit der

Begründung gekündigt, dass es für eine qualitativ hoch stehende Pflege in diesem Hause keine Perspektive mehr gebe. Der eigentliche Anlass der Beratung war aber die Abwanderung von Patienten in andere Kliniken. Lange Wartezeiten, Gerüchte über Arztfehler, Klagen über unfreundliches Pflegepersonal hatten im Einzugsgebiet zu einem schlechten Ruf geführt.

Der Träger der Einrichtung hatte uns gebeten, zunächst mit dem Verwaltungsleiter zu sprechen, den er als Projektleiter für ein „Organisationsentwicklungsprojekt" bestimmt hatte. Der Verwaltungschef kannte schon die Ursache allen Übels: „Unsere Arbeitsprozesse sind zu langsam und zu ineffizient. Wir brauchen eine Prozessanalyse." – „Die Betroffenen müssen aber einbezogen werden, wir wollen nichts über die Köpfe unserer Mitarbeiter hinweg tun." Mein damaliger Chef war einverstanden. Mit Prozessanalysen unter Einbezug der daran beteiligten Mitarbeiter („partizipative Simulation") hatte unsere Firma viel Erfahrung. Und da es im OP-Bereich besonders dringlich schien, sollte dort Anfang gemacht werden.

Gesagt, getan. Ich erarbeitete mit dem OP-Personal, Schwestern und Anästhesisten in einem Tagesworkshop eine Liste von über zwanzig Verbesserungen. Die Operateure hatten unsere Arbeit nur von Ferne verfolgt. Sie waren nicht bereit, dafür ihre „kostbare Zeit" zu investieren. Allerdings wollten auch sie die gefundenen Verbesserungsmöglichkeiten sofort umsetzen.

Nach drei Tagen war eine Zwischenauswertung vereinbart. Schon nach zwei Tagen kam der Anruf des Trägers, dass der neue und früher stellvertretende Chefarzt ihm nur die Alternative gelassen habe, entweder die Beratungsfirma zu entlassen oder seine Kündigung entgegenzunehmen. Wir wären keinem seiner konstruktiven Vorschläge zugänglich gewesen. (Er hatte gar keine gemacht.) Die Umsetzung der von der Pflege beabsichtigen Veränderungen würden sonst zu „katastrophalen Zuständen" führen. Der Berater wäre mit „völliger Ignoranz gesegnet", was die medizinischen Notwendigkeiten betrifft, gepaart mit betriebswirtschaftlicher Arroganz und Überheblichkeit. Ein Krankenhaus sei doch kein Unternehmen. – Das Ergebnis war, dass wir den Auftrag verloren. Das Krankenhaus wurde fünf Jahre später im Zuge einer Restrukturierung des Krankenhausverbunds erheblich verkleinert.

*Neben meinem eklatanten Fehler – ich hatte ja augenscheinlich das wah-
re Machtzentrum des Krankenhauses, den neuen Chefarzt, nicht identi-
fiziert und als Auftraggeber gewonnen – fasziniert mich die Unerbitt-
lichkeit und Folgerichtigkeit, mit der ein Unternehmen, das seine innere
Existenzberechtigung verliert, zu Grunde geht: Die Dezimierung der
Klinik auf die Hälfte, insbesondere im OP-Bereich, hatte ihren Grund
nicht in objektiven Mängeln oder einem ungünstigen Standort, sondern
in ihrem schlechten Ruf, hoher Mitarbeiterfluktuation und schwacher
Belegung. Für mich ein eindrucksvolles Beispiel dafür, welche Verantwortung Management und Beratung von Veränderungen für die Existenz
und die Zukunft eines Unternehmens tragen.*

Hoffentlich habe ich Sie nicht mit dieser kleinen Schauergeschichte ge-
langweilt. Ich wollte einfach deshalb davon erzählen, weil ich auch am
eigenen Leib erfahren musste, welche Wirkungen misslungene Veränderung mit sich bringt. – Der Auftrag war weg und gemäß meinem Ar-
beitsvertrag auch mein Verdienst.

In der Entwicklung zum Erwachsenen kann manches daneben gehen. Wir
Menschen haben immer auch das Risiko, sogar gänzlich zu missraten
und das eigene Leben zu verfehlen. Und das Gleiche gilt für Veränderungen in Organisationen und Unternehmen. Wirtschaftsunternehmen
verschwinden vom Markt, wenn es ihnen nicht mehr gelingt, für Kunden, Mitarbeiter und Kapitalgeber attraktive Wertbeiträge zu erstellen.
Gemeinwirtschaftliche Unternehmen und Verwaltungen werden durch
politische Steuerung gezwungen, sich zu verändern, wenn sie es nicht von
selbst tun. Und wir alle sind mitverantwortlich in unseren unterschiedlichen Rollen als Bürger, als Kunden, Mitarbeiter und als Führungskräfte
für das, was passiert und nicht passiert.

Beteiligte in Veränderungen haben Verantwortung und Mitverantwortung. Ihr Beitrag ist gefragt.

Schreiben Sie zwei Veränderungssituationen auf, zu denen Sie einen
wichtigen Beitrag leisten konnten: Was ist genau passiert? Was haben
Sie dabei empfunden?

Vielleicht erinnern Sie sich auch an eine Situation, die Ihnen heute wie
ein Versagen vorkommt.

You must become the Change you want to see in the World.

Mahatma Gandhi

Veränderung fängt bei mir selbst an

Die Geschichte meines ersten Beratungsmandates hat noch einen weiteren Aspekt: Wie konnte ich nur „vergessen", dass das eigentliche Machtzentrum eines Krankenhauses oft ein Chefarzt ist? Gut, mein damaliger Senior Consultant wollte natürlich unser schon gut eingeführtes Produkt verkaufen, und die Gelegenheit schien gut. Auf der anderen Seite hatte ich in meiner Ausbildung gelernt, dass ohne den Einbezug der Machtpromotoren, Veränderungen in Organisationen nicht möglich sind und Initiativen schnell versanden. Vielleicht versuchte ich mich noch zu „retten", indem ich glaubte, wenn die Sache erst mal läuft, könnte auch der Chefarzt dafür gewonnen werden. Aber das wird natürlich nie etwas. Mein damaliger Coach hat mich stark kritisiert: „Indem du dem Chefarzt ausgewichen bist, bist du dir selbst ausgewichen. Du wolltest dich nicht mit dem Thema Macht auseinander setzen." Wohl wahr, er hatte meinen blinden Fleck voll getroffen. „Macht" war mir immer unheimlich gewesen; noch weniger hatte ich Freude, mich mit Personen in Machtpositionen wirklich zu konfrontieren.

Die Machtausübung des Chefarztes war damals auch der blinde Fleck der Krankenhausverantwortlichen, die dieses Thema nicht offen angehen wollten. Für mich selbst war der Umgang mit Macht eine wichtige Veränderungsherausforderung. Wenn ich vor dem Thema Macht weiter davon gelaufen wäre, wäre es mir niemals gelungen, Organisationen im Gesamtzusammenhang über alle Hierarchiestufen zu beraten. Zur Bewältigung dieser persönlichen Veränderung habe ich übrigens mehrere Jahre gebraucht. Es brauchte Zeit, bis ich lernte, Macht in Organisationen als orientierende und Ordnung stiftende Kraft zu schätzen und gleichzeitig ihre destruktiven Züge in Form des unbedingten Machterhalts wirksam zu steuern.

Meine persönliche Erfahrung in der Auseinandersetzung mit Veränderungen ist: Ich habe es immer mit denjenigen Veränderungen zu tun, die in bestimmter Weise auch mein eigenes Thema sind: Macht, Neuanfang, Verbindlichkeit, Hypotheken der Vergangenheit, Treue, Wertschätzung, Tod. Das ist heute noch genau so.

Wir Menschen sind Experten für Veränderung. Das heißt nicht nur, dass uns keine Macht der Welt vor persönlichen und organisatorischen Veränderungen bewahren kann, wir lernen auch von Kind auf, mit Veränderungen umzugehen und uns dabei selbst zu verändern.

Sicher haben Sie auch Erlebnisse mit persönlichen Veränderungen und Veränderungen in Organisationen, die Sie beeindruckt und geprägt haben.

– Welche zehn Veränderungen fallen Ihnen ein?
  Machen Sie eine Liste.
– Welche war darunter besonders wichtig?
– Was war die Ausgangssituation? Um welche Veränderung ging es?
– Warum war es so bedeutsam und wichtig, diese Veränderung zu realisieren?
– Was gab den Ausschlag, dass diese Veränderung dann auch wirklich passiert ist?
– Was war das Ergebnis? Was ist dadurch besser geworden? Was vielleicht auch schlechter?
– Was fühlen und denken Sie, wenn Sie im Nachhinein auf diese Veränderung zurück schauen?
– Welche Lektion („lesson learned") können Sie daraus formulieren?

Wenn der Wind des Wandels weht,
bauen die einen Mauern und die anderen Windmühlen.
Chinesisches Sprichwort

Die Treiber von Veränderungen heute

Veränderungen in Organisationen werden in einem bestimmten gesellschaftlichen und geschichtlichen Zusammenhang vorangebracht. In unserer heutigen kommunikativ vernetzten Welt ist dieser Zusammenhang wahrscheinlich enger als jemals vorher. In bestimmter Weise interagieren Veränderungen in einzelnen Organisationen oder auch von einzelnen Menschen mit den Veränderungen in der Welt. Allgemeine Herausforderungen und Fragen der Weltgeschichte bilden sich in konkreten Veränderungen einer Organisation ab, genau so wie umgekehrt Veränderungen von Organisationen die Welt verändern. Es gibt eine gemeinsame Geschichte, die verbindet und auch einschränkt, was möglich ist und als möglich gedacht werden kann.

Themen oder Motive, die eine bestimmte Zeit, einen historischen Zeitabschnitt charakterisieren, werden oft als „Treiber", als Trieb- oder Zugkräfte bezeichnet. Das kann in bestimmter Weise fehlleitend sein: Wenn wir uns in Europa entscheiden, den Prozess der europäischen Einigung zu stoppen, gibt es keine überpersönliche Macht, keinen „Trieb", der uns daran hindert. Soziale und politische Veränderung folgt keinen Naturgesetzen, sondern den Gesetzen, die wir uns im Zusammenleben selbst geben. Genau so stellen solche Treiber wie zum Beispiel die vielgenannte „Globalisierung" keinen Zwang dar. Niemand kann ein Unternehmen dazu zwingen, sich selbst global auszurichten und die sich daraus auch ergebenden Chancen weltweiter oder auch naher und regionaler Geschäftsbeziehungen zu nutzen.

Treiber sind in diesem Sinne gemeinsam gewachsene Überzeugungen, in welche Richtung wir Veränderung im Allgemeinen „treiben" wollen.

Dabei gibt es Mehrheiten und Minderheiten. Und die Minderheiten bieten in gewisser Weise die Garantie dafür, dass die mehrheitlichen Überzeugungen immer wieder überprüft werden. Im Besonderen möchte ich vier Treiber für die Veränderungen in unseren Unternehmen und Organisationen herausheben:

1. Globalisierung

Schon indem ich von allgemeinen Überzeugungen spreche, behaupte ich, dass diese Überzeugungen und Vorstellungen so oder so ähnlich weltweit geteilt werden. Jedenfalls von einer kritischen Anzahl von Personen. Mit Globalisierung meinen wir ja nicht nur weltweite Märkte und Konkurrenz. Mit der Möglichkeit globaler Kommunikation und Information verbinden wir in der Regel auch die Hoffnung auf mehr Frieden in der Welt, wenn nationale Gegensätze unwichtiger werden. Wahrscheinlich können und müssen wir uns global auf Regeln der Fairness im wirtschaftlichen Austausch verständigen, um den negativen Wirkungen eines ausufernden Kapitalismus Einhalt zu gebieten. Größere Märkte und dadurch effizientere Produktion sollen den allgemeinen Wohlstand heben, der Austausch von Gütern und Arbeit zu mehr Verteilungsgerechtigkeit führen. Globalisierung ist ein wichtiger Treiber für Strukturveränderungen von Firmen und Konzernorganisationen, Veränderung der internationalen politischen Zusammenarbeit und auch für persönliche Veränderungen wie (zeitweiligen) Ortswechsel und Mehrsprachigkeit.

2. Individualisierung

Menschen verlangen immer individuellere Produkte und Dienstleistungen. Ihr Wert steigt, je genauer sie auf persönlichen Gebrauch und individuelle Vorlieben zugeschnitten sind. Automodelle werden in tausendfachen Varianten angeboten. Das ist die äußere Seite. Die innere Seite ist, dass sich immer mehr Menschen auf der Welt ihrer Eigenheit und Unverwechselbarkeit bewusst werden. Das Ideal der Aufklärung, Selbstbestimmung des eigenen Lebens, wird immer mehr zum weltweit verbreiteten Gedankengut. Attraktiv sind dabei nicht nur die damit verbundenen wirtschaftlichen Entwicklungsmöglichkeiten, sondern auch die Veränderung und Steigerung des Lebensgefühls: Ich habe eine eigene Bedeutung auf dieser Welt unabhängig von der sozialen Umgebung, in der ich gerade lebe. Ich bin nicht ein kleines Rädchen der Weltmaschine, sondern ein Individuum, das mit der Freiheit ausgestattet ist, diejenigen Beiträge zu leisten, die es will.

3. Technische Entwicklung

Vielleicht kennen Sie das so genannte Mooresche Gesetz. Der Physiker Gordon Moore sagte im Jahr 1965 voraus, dass sich die Rechenleistung eines Speicherchips durchschnittlich alle 18 bis 24 Monate verdoppelt. Bisher hat er Recht behalten und es sieht auch für die nächsten Jahre ganz gut aus. Die technische Entwicklung ermöglicht und fordert nicht nur jedes Jahr neue Produkte und Leistungen, viele Menschen erhoffen auch von ihr die Lösung drückender Probleme wie die Befreiung von Krankheit und Armut. Wir setzen auf Biomedizin, Gentechnologie, Mikrotechnik und Nanotechnologie. Selbst die Skeptiker gestehen Fortschritte ein. Viele Probleme wie Umweltverschmutzung und weltweite Nahrungsmittelversorgung lassen sich wahrscheinlich ohne die weitere technische Entwicklung überhaupt nicht mehr in den Griff bekommen.

4. Demokratisierung

Die Sehnsucht vieler Menschen nach demokratischer Selbstbestimmung ist nicht nur eine Gefühlsangelegenheit. Für die Steuerung sozialer Ordnungssysteme in hochkomplexen Umwelten ist die Demokratisierung schlichte Notwendigkeit. Lineare, zentral organisierte Entscheidungswege sind nicht mehr in der Lage, auf sich schnell verändernde, dynamische und komplexe Situationen angemessen und erfolgreich zu reagieren. Demokratie als direktes oder repräsentatives Abstimmungsverfahren – ich meine natürlich nicht die „Mehrheitsdiktatur" – bildet die unterschiedlichsten Aspekte und Meinungen ab und führt sie zusammen. Auch viele Unternehmen nehmen diese Herausforderung an, Entscheidungsprozesse dezentraler und situativer zu organisieren: Entscheidung möglichst nahe am operativen Geschäft. Und sie sind erfolgreich damit.

Vielleicht sind Sie durch meine Ausführung angeregt, weitere Veränderungstreiber festzustellen. Formulieren Sie doch selbst aus Ihrer Sicht weitere Treiber der Veränderung in Gesellschaft, Organisationen und Unternehmen. Welches sind die Treiber Ihrer persönlichen Veränderung? – Das ist auch der Unterschied der von mir hier vorgelegten Sichtweise: Was letztlich Treiber von Veränderung ist, bestimmen Sie (mit).

Wie beeinflussen diese allgemeinen Treiber von Veränderung im 21. Jahrhundert Ihr Veränderungsvorhaben? Wie wollen Sie darauf reagieren? Welche Impulse wollen Sie vielleicht auch selbst setzen?

Die vernünftigen Menschen passen sich der Welt an;
die unvernünftigen versuchen sie zu ändern.
Deshalb hängt aller Fortschritt von den Unvernünftigen ab.
George Bernhard Shaw

Der Wille zur Veränderung

„Alles fließt". – Sie kennen wahrscheinlich den berühmten Spruch des griechischen Philosophen Heraklit (um 500 vor Christus) Dass alles im Wandel ist, wir selbst und die Welt, in der wir leben, wird dann zum Problem, wenn wir so tun, als könnten wir dieses Grundgesetz des Lebens außer Kraft setzen. Natürlich gibt es Möglichkeiten, um im Bild zu bleiben, mit Staustufen und Katarakten den Fluss zu verlangsamen, Stromschnellen und Wasserfälle zu bändigen. Doch wer sein Leben zu sehr zum

Stillstand bringt, wird auf Dauer die Freude daran verlieren. Wenn wir der Veränderung unserer Mitwelt nicht folgen (können), sind wir auf Dauer abgekoppelt und einsam. Wenn wir uns nicht selbst verändern, leben wir nur noch in Wiederholungen und Langeweile.

Der Unterschied zwischen selbst initiierter Veränderung und Veränderung als Reaktion auf Veränderungen unserer Umwelt zeigt sich oft in ebenso unterschiedlichen Gefühlslagen:

1. Veränderungen, die wir selbst in Gang setzen, geben uns das gute Gefühl, selbst steuern zu können, die Richtung und den Weg zu bestimmen, der uns gefällt. Gelingt die Veränderung in gewünschter Weise, sind wir mit Stolz und Freude erfüllt.
2. Müssen wir uns aber einer Veränderung von außen, von anderen Menschen oder auch von Naturbedingungen fügen, sind wir meistens wenig begeistert. Wir fühlen uns ausgeliefert. Wir fühlen uns verärgert oder auch deprimiert. Mindestens gibt es das so genannte „Not-Invented-Here-Syndrom", eine gewisse ablehnende Haltung allem gegenüber, was nicht selbst gefunden und entdeckt wird. Erfahrungswissenschaftliche Untersuchungen[6] zeigen, dass fremdbestimmte Veränderung nicht sehr gut funktioniert: Änderungen meines Verhaltens, die ich als erzwungen erlebe, sind nur von kurzer Dauer. Sobald ich das Gefühl habe, dass der unmittelbare Zwang nachlässt, nehme ich wieder meine alte Gewohnheit an.

Heraklits Satz vom ständigen Wandel macht darauf aufmerksam, dass wir uns der Veränderung nicht verschließen können. Allerdings folgt daraus kein Gesetz für unser Handeln. Wir „müssen" uns nicht verändern. Und wir werden es auch nicht tun, solange wir nicht den Sinn darin sehen. Niemand kann uns dazu zwingen. Man kann sogar bewusst Nachteile in Kauf nehmen, die daraus folgen, wenn wir versuchen, unser Denken und Handeln zu konservieren. Vielleicht ist der Verlust des Arbeitsplatzes die Folge, vielleicht auch Stress und Krankheit, wegen unangemessenen Verhaltens in einer veränderten Welt.

---

[6] Hinweis für Fachleute: Ich beziehe mich hier auf die umfangreichen und vielfältigen psychologischen Untersuchungen zur Attributionstheorie und zur Theorie der Leistungsmotivation („locus of control").

Natürlich ändert „sich" das Wetter, das Klima und unsere Umwelt. Wir werden älter und haben dabei die Wahl, entweder uns aktiv damit auseinanderzusetzen und uns selbst zu verändern oder diese Veränderung bloß als naturgegeben zu betrachten. Bedeutung für die Praxis und damit für die Praxis des Führens bekommen solche Veränderungen erst, wenn auch wir uns selbst verändern wollen. Solange wir Veränderungen einfach als Gegebenheiten hinnehmen, die uns nicht selbst zur Veränderung herausfordern, gibt es auch nichts zu verändern.

Beim Führen geht es um Veränderungen, die wir selber wollen. Nur darum kann es gehen. Natürliche Veränderungen geschehen sowieso. Nur diejenigen Veränderungen, die wir durch unser Handeln hervorbringen oder beeinflussen können, haben auch eine Bedeutung für die Veränderung in Organisationen. Veränderungen, die ich durch mein Handeln steuern kann, sind meine Veränderungen.

„Mache also die Veränderung zu deiner Sache!", ist die Maxime erfolgreichen Veränderns.

Vielleicht werden Sie den Arbeitsplatz, Ihren bisherigen Status und Einkommen verlieren. Vielleicht haben Sie aber auch eine derart gesicherte Position, dass eher die Veränderung zurückgenommen wird, als dass Sie gehen müssen. Vielleicht können Sie aber auch die Veränderung für Ihre persönliche und professionelle Entwicklung nutzen. Vielleicht ist es sogar sinnvoll für Sie, wenn sie sich an die Spitze der Veränderung stellen, wenn Sie anfangen, sich selbst und andere zu verändern.

Die Klimaänderung wird negative oder positive Folgen für uns haben, je nachdem, wie wir uns darauf einstellen. Wir haben die Wahl, der Tatsache des Alterns zum Beispiel durch körperliches und geistiges Training Rechnung zu tragen. Es liegt an uns, wie wir heute unser Verhalten ändern.

„Ich unterstütze dich dabei, dass die Veränderung zu deiner Sache wird!", ist die Maxime für erfolgreiche Führung.

Wir verändern uns selbst und unsere Welt, weil und nur wenn wir es wollen! Dabei mag es zu Aus- und Nebenwirkungen kommen, die wir weder gewünscht noch erhofft haben. Die Tatsache aber, dass Verände-

rungen in Unternehmen durch Menschen und ihr Handeln verursacht
werden, bleibt bestehen.

Wir verändern uns, weil und so viel wir es wollen.[7] Das hängt ab von unserer Einschätzung, welche beziehungsweise wie viel Veränderung uns
gut tun würde, und von unserer Fähigkeit, Veränderung ins Werk zu setzen und andere dafür zu gewinnen. Es gibt Fehleinschätzungen und Fehlschläge. Was letztlich funktioniert, ist immer in bestimmtem Maß unsicher. Die Zukunft ist mehr als bloß die Fortschreibung der Vergangenheit. Sie ist unbestimmt und offen. Wirkliche Veränderungen beruhen auf
der Phantasie, uns das Neue vorzustellen, und der Kraft, diese Vorstellung zu realisieren. Unsere Veränderungsvorhaben zeichnen so etwas wie
Linien in eine ungewisse Zukunft.

Und auch das wusste der griechische Philosoph Heraklit: Menschen wollen in der Regel das, wovon sie sich einen Nutzen oder einen Wert ver-
sprechen. Mindestens muss eine Veränderung einen Sinn für unser Leben machen, den wir nachvollziehen und wertschätzen können. Wir verändern uns nicht, wenn wir keinen Sinn darin sehen.

Mein Plädoyer für die Freiheit des Willens zur Veränderung ist ein prak-
tisches Plädoyer[8]. Es sind Nützlichkeitsargumente, die dafür sprechen:
Veränderungen, die von Menschen nicht als aus eigenem Willen wahrgenommen werden, sind nur vorübergehend und instabil. Und es sind
ethische Argumente: Auch wenn wir natürlich wissen, dass Veränderung
nie genau so abläuft, wie wir sie uns vorher vorgestellt und geplant haben, ist die Chance der Kritik, der streitigen Diskussion von Veränderung
nur möglich, wenn wir einen Willen und damit mindestens eine gewisse
Verantwortung unterstellen.

---

[7]   Philosophische Fußnote: Der Wille zur Veränderung ist der Wille zur Veränderung des
      Willens. – Und eben, es kommt darauf an, was Sie daraus machen (wollen).
[8]   Diesem Argument wird gerne entgegengehalten, dass die Bedeutung des bewussten
      Willens doch recht gering sei: Nur ein geringer Teil, vielleicht 10 bis 15 Prozent, unse-
      rer täglichen Entscheidungen ist uns bewusst zugänglich. „Wille", wie der Begriff in der
      philosophischen Tradition gebraucht wird, steht allerdings gewissermaßen quer zu psy-
      chologischen Fragestellungen wie auch der Frage, ob es überhaupt einen freien Willen
      gibt. „Wille" meint einfach die praktische Erfahrung, dass ich will und wollen kann; und
      ich kann sogar wollen, dass ich will. Und Sie können nicht wollen, dass Sie nicht wol-
      len. Ich auch nicht. – Die Unterscheidung von „bewusst" und „unbewusst" spielt dafür
      keine Rolle. Sie sagen, was Sie wollen und was nicht. Und Sie sagen, was Sie gewollt ha-
      ben und was nicht.

Natürlich gibt es auch unbeabsichtigte und nicht gewollte Veränderungen. Das sind oft Nebenwirkungen oder Folgen von beabsichtigten Veränderungen. In der Regel kommen sie überraschend, manchmal verhindern sie auch weiteren Fortschritt. Und Führung hat damit zu tun, genau diese Unsicherheiten und Überraschungen in Veränderungsprozessen zu steuern. Die nicht beabsichtigte und ungewollte Veränderung ist aber nicht Ziel und Inhalt von Management. Der Ausspruch: „Das habe ich nicht gewollt!", betrifft vielleicht das Ergebnis, doch nie das Ziel von Veränderungsmanagement. Erfolgreiche Veränderung erreicht Ergebnisse, die wir wirklich wollen. – Dazu darf auch umgesteuert werden, müssen Ziele neu formuliert werden, die unter den veränderten Bedingungen realistisch sind.

> Wenn du etwas wirklich verstehen willst,
> versuche es zu verändern.
> Kurt Lewin

Veränderungen in Organisationen

Es geht um Veränderungen in Organisationen und Unternehmen. – Die Begriffe „Organisation" und „Unternehmen" gebrauche ich weit gehend gleichbedeutend.[9] Wenn Menschen „sich organisieren", sich in einem Staat, einer Institution oder einer Firma zusammenschließen, wollen sie in der Regel auch etwas unternehmen, nämlich einen Zweck erreichen, der sie verbindet: Sicherheit, soziale Fürsorge oder die Erzeugung und Vermarktung bestimmter Produkte. Die Art oder Form der Organisation richtet sich nach dem Zweck, der mit oder in ihr erreicht werden soll. Damit das funktioniert oder im konkreten Fall weiter funktioniert, muss immer wieder mal etwas verändert werden. Hier einige Beispiele:

Der Ost-West-Konflikt verliert seine Bedrohung, dafür wachsen die Gefahren durch den internationalen Terrorismus: Die Landesverteidigung

---

[9]   „Unternehmen" ist für mich sogar der Überbegriff für alle Organisationen, deren primärer Zweck es ist, Wertbeiträge zu leisten. Also auch soziale Organisationen wie Krankenhäuser oder Kindergärten sind aus dieser Sicht Unternehmen, genau so wie Verwaltungen oder in gewisser Weise auch politische Parteien. Aus meiner Sicht besser trifft die Unterscheidung von gewinnorientierten und gemeinwirtschaftlichen Unternehmen. Unternehmerischer Geist unternehmerischer Menschen sollte kein Privileg der Wirtschaft sein.

*muss vom stehenden Landheer zu kleinen schlagkräftigen Gruppen um-
gebaut werden.*

*Das Ideal des Universalgelehrten der Renaissance galt für eine relativ
kleine Gruppe von Wissenschaftlern und (kirchlichen) Beamten, die es
noch mit einem relativ überschaubaren Wissensbestand zu tun hatten.
Mit der ungeheuren Verbreiterung und Vermehrung des Wissens müssen
wir an unseren Universitäten heute einen großen Teil der Bevölkerung
zu Fachexperten ausbilden, die in der Lage sind, ihr Wissen im Gesamtzusammenhang zu verorten und zu verantworten. Dafür ist heute die Organisation von Bachelor- und Masterstudiengängen der angelsächsischen
Universitäten geeigneter als die herkömmliche Studienordnung mit Ma-
gister- oder Diplomprüfung.*

*Firmen müssen sich verändern, wenn sich die Rahmenbedingungen der
Technik und der Nachfrage ändern oder auch, wenn eine neue unternehmerische Idee geboren wird, die mit der alten Organisation nicht
mehr zu bewältigen ist. Zusammenschluss oder Teilung von Unternehmen und Organisationen, Restrukturierung und Reorganisation, Einführung neuer Organisationsprinzipien oder Steuerungselemente wie In-
formationstechnik sind die Folge. Das sind nicht nur großflächige und
umfangreiche Veränderungen sondern auch Veränderungen „im Kleinen": Zusammenlegung von Teams, neue Abläufe, neue Dienstleistungen und Produkte und die Veränderung der Zusammenarbeitsrollen, wie
zum Beispiel von Technik und Verkauf, oder auch einfach, wenn neue
Führungskräfte und Mitarbeiter mit ihren Persönlichkeiten alten Rollen
und Aufgaben ein neues Gesicht geben.*

Ein weiterer Aspekt ist wichtig. Die Veränderungen, um die es hier geht,
finden in Organisationen beziehungsweise Unternehmen statt, die den
Zweck haben, für andere Menschen als Kunden und als Gesellschaft Leistungen zu realisieren und Nutzen zu erbringen. Veränderungen in diesem
Bereich sollen den Wertbeitrag für die Anspruchsgruppen („Stakeholders") erhöhen. In bestimmter Weise hat jede Veränderung den strategischen Aspekt, die Wettbewerbsfähigkeit zu verbessern. Sei es im Wettbewerb um Kunden und Kapitalgeber, oder um den Zahlungsstrom von
Mittelzuweisungen aus Spenden und Steuern in sozialen und staatlichen
Unternehmen.

Eine gelungene Veränderung ist ein gutes Geschäft und gut fürs Geschäft.

Damit es ein gutes Geschäft wird oder auch bleibt, muss etwas anders
werden. Das Geschäft bestimmt die Form des Unternehmens.

*Ein Einzelhandelskonzern mit schnellen und modebedingten Verände-
rungen seines Produktangebotes braucht eine andere Form wie ein Automobilproduzent mit stärker technisch getriebenen Produktinnovatio-
nen. Oder je mehr auch das Auto zum Modeartikel wird, desto mehr
nimmt der Automobilproduzent Formbestimmungen des Einzelhandels
an, wie zum Beispiel Finanzierungsangebote, schneller Modellwechsel,
Lifestyle und Designorientierung.*

Jede Veränderung beinhaltet nicht nur eine Veränderung von Umständen oder einer Anzahl von Eigenschaften. Sie betrifft auch die Identität
und Zweckbestimmung der Organisation, und für die Beteiligten, was es
heißt, zu dieser Organisation zu gehören.

> Es gehört mehr Mut dazu,
> seine Meinung zu ändern, als ihr treu zu bleiben.
> Friedrich Hebbel

Wertschätzung kommt zuerst

Veränderung braucht Mut, Risikofreude ohne Tollkühnheit. Jede Veränderung birgt auch das Risiko zu scheitern in sich. Veränderung braucht
Vorsicht, sich nicht auf Veränderungen einzulassen, wo ein Scheitern
wahrscheinlich wird. In der Regel ist es diese Art von Vorsicht, die viele
Menschen zunächst zögerlich erscheinen lässt, wenn sie mit der „Zumu-
tung" einer Veränderung konfrontiert werden. Es ist nicht ganz einfach
einzuschätzen, ob und welchem Maße eine Veränderung tatsächlich notwendig und auch zuträglich ist.

Veränderungen werden in manchen Fällen auch zu lange aufgeschoben,
und das bedroht die Existenz der Organisation: Verlust der politischen
Existenzberechtigung oder Zahlungsunfähigkeit können die Folge sein.

Wenn Sie daran denken, dass Organisationen auch bewusst aufgelöst werden dürfen, sobald sie für die Beteiligten ihren Zweck nicht mehr erfüllen – Familienunternehmen werden nicht mehr weiter geführt, Konzernorganisationen zu neuen geschäftlichen Einheiten geformt, Verwaltungen und Behörden aufgelöst – ist es doch erstaunlich, wie selten Unternehmen und Organisationen scheitern, jedenfalls nachdem sie die ersten sieben Jahre „überlebt" haben.

Nennen Sie diese Führungshaltung einen gemäßigten Konservativismus. Sie ist verbunden mit der Wertschätzung für das, was ist, was bisher erreicht wurde, Wertschätzung für die Mühen und Anstrengungen, die das immer gekostet hat. Der Zusammenhang ist allerdings ein systematischer: Das Gegenwärtige ist die Voraussetzung für das, was werden kann. Seine Würdigung und Wertschätzung ist die Voraussetzung für eine realistische Vorstellung der Zukunft. Wenn ich zu schnell in die Zukunft voraus gehe, verliere ich nicht nur den Kontakt zur Gegenwart, sondern bin auch von der Möglichkeit ihrer Verwirklichung abgeschnitten.

Die meisten Menschen haben ein gutes Gespür (was uns natürlich auch verlassen kann), wann und welche Veränderung an der Zeit ist. In Organisationen werden dafür unterschiedliche Rollen[10] ausgeprägt:

1. Es gibt die visionären Pioniere, die ihrer Zeit schon weit, manchmal zu weit, voraus sind.
2. Es gibt die pragmatisch eingestellten Mitarbeiter, die erst die Fakten sehen wollen oder auch erste Erfolge, bevor sie dabei sind. „Macher" interessieren sich weniger für die großen Linien als für die konkreten operativen Ergebnisse.
3. Die „Herzmenschen"[11] und Netzwerker sind eher skeptisch, wenn große Ideen verkündigt werden. Ihre Erfahrung ist, dass wir Menschen lange Zeit brauchen, um unsere Gewohnheiten und Rollen zu verändern.

---

[10] Die ursprüngliche Beschreibung der psychologischen Typen stammt von CARL GUSTAV JUNG (1923). Zusätzlich unterscheidet er jeweils noch eine extrovertierte und eine introvertierte Ausprägung. Aktuelle Anwendung ist der „Myers Briggs Type Indicator" (MBTI®), einer der am besten erforschten Persönlichkeitstests.
[11] Diesen schönen Ausdruck habe ich gefunden bei HANS RUDOLF JOST (1998): Der Change Navigator.

4. Die Fachexperten beobachten das Geschehen, wollen sich aber nicht involvieren lassen. Sie stimmen nur dem zu, was ihrem kritischen Urteil standhält.

Organisationsrollen in Bezug auf Veränderung:

1. Pioniere haben Zukunftsvisionen.
2. Pragmatiker sind umsetzungsorientiert.
3. Soziale Netzwerker sind Gefühlsmenschen.
4. Fachexperten sind kritisch.

Diese Rollen sind Kommunikationsrollen. Sie gehören zusammen und differenzieren sich im Prozess des Kommunizierens und Organisierens aus. Sie haben natürlich auch mit den Fähigkeiten und besonderen Talenten der jeweiligen Personen zu tun. Allerdings kann es sein, dass jemand im familiären Umfeld oder in der ehrenamtlichen Arbeit als Visionär handelt, während er im Unternehmen eher zu den Experten gehört.

Menschen für Veränderung zu gewinnen bedeutet erst einmal, sie in ihren unterschiedlichen Rollen und den damit verbundenen Sichtweisen ernst zu nehmen und ihren Beitrag wertzuschätzen. Was Führungskräfte manchmal mit „Widerstand" beschreiben, bedeutet zunächst nichts anderes, als dass die Beteiligten aus ihren unterschiedlichen Perspektiven heraus noch nicht überzeugt sind. Und überzeugen kann ich nur jemanden, dessen Sichtweise ich versuche, in ihren Gründen zu verstehen und ernst zu nehmen.

Geht die Veränderung nicht voran, werden Projektziele nicht erreicht. Gibt es Missverständnisse bis hin zu gezielter Sabotage, ist das nichts anderes als ein klares Zeichen für die Tatsache, dass die angestrebte Veränderung nicht von den Beteiligten gewollt wird. Machtmittel, die nicht mit dem Willen der Beteiligten rechnen, wirken in flexiblen, auf Eigenverantwortung und Selbstorganisation beruhenden Organisationen nur begrenzt oder überhaupt nicht.[12] Ergebnis ist höchstens eine nur kurz dauernde Verhaltensanpassung. Erfolgreiches Verändern und Führen

---

[12] Wenn Sie ein Straflager oder ein Sklavenbetrieb einrichten wollen, werden Sie natürlich nicht viel von diesem Buch haben.

von Veränderungen in Organisationen rechnet und setzt auf den Willen
der beteiligten Personen. Veränderung führen setzt auf den Eigenwillen
der beteiligten Personen. Es ist diese Kraft, welche die Veränderung
voranbringt.

Diese Kraft und die beteiligten Personen verdienen alle Wertschätzung,
Wertschätzung ist ein Motor für Veränderung: Wer andere in ihren
Fähigkeiten, Grenzen und vor allem in ihrem Willen und ihren Beiträgen
schätzt, gibt ihnen die Möglichkeit, selbst zu verstehen, was sie wollen.
Gleichgültigkeit oder gar Abwertung bewirken als Gegenreaktionen
Gleichgültigkeit und Ablehnung. Die Ergebnisse davon sind bekannt.

Wertschätzung bedeutet eine inhaltliche Rückmeldung, was ich als positiven Beitrag wahrnehme.

Wertschätzung ist eine Übung. Statt andere Personen wahrzunehmen in
dem, was mir nicht gefällt, mich vielleicht sogar hindert, konzentriere ich
mich auf ihren positiven Beitrag[13]. Abweichende Sichtweisen helfen, Ein-
seitigkeiten zu korrigieren, Widerspruch zwingt zur Prüfung von Argumenten. Der positive Beitrag der Personen besteht schon darin, dass sie
sich überhaupt beteiligen, sei es auch mit kritischen Stellungnahmen.
Schon damit leisten sie Anstoß und Verbindlichkeit für gemeinschaftli-
che Veränderung.

Wertschätzung knüpft an die grundlegende Menschenwürde[14] an. Sie ist
eine Haltung des Respekts vor der grundsätzlichen Selbstverantwortung
und Autonomie jedes einzelnen Menschen. Das erschöpft sich nicht im
Ausdruck eines Gefühls, sondern ist Aktivität: Wertschätzung ist eine
Entscheidung! Der positive Beitrag wird herausgestellt. Wertschätzung
bedeutet eine inhaltliche Rückmeldung, was ich als positiven Beitrag
wahrnehme. – Und das hat nichts mit Zurückhaltung oder Unter-

---

[13] Wertschätzung wurde von DAVID COOPERRIDER und DIANA WHITNEY als Technologie
der Veränderung für Interviews und Große Gruppen erfolgreich eingeführt (1999): Ap-
preciative Inquiry, San Francisco. Damit haben Sie einen großen Beitrag zur Unterstützung von Veränderungen in Organisationen geleistet. Wahrscheinlich ist es aber ein Missverständnis, die Anwendung wertschätzender Methoden zur alleinigen Leitschnur für
Veränderungsprojekte zu machen. Die Herleitung dessen, was ich in Zukunft will, aus
dem, was in der Vergangenheit gut geklappt hat, wäre doch eine starke Einschränkung.
[14] PICO DELLA MIRANDOLA (1496): De Hominis Dignitate. „... nicht Wunderbareres als
der Mensch".

drückung von Kritik zu tun. Allerdings macht es einen Unterschied, wenn die Kritik in einen wertschätzenden Rahmen gestellt ist. Wer Verantwortung für Veränderungen übernimmt und Veränderungen erfolgreich führen will, gibt Wertschätzung für den Mut der Beteiligten, sich selbst zu verändern. – Vielleicht erhalte ich sogar selbst Wertschätzung für meinen eigenen Mut, diese Führungsherausforderung anzunehmen. Ist aber eher selten.

Veränderung führen bedeutet auch, zu bestimmten Zeitpunkten, besonders wenn die Veränderung selbst droht stecken zu bleiben, Druck und Macht auszuüben. Das ist Teil und Aspekt unserer Wirklichkeit: Entscheide dich! Entweder du veränderst dein Verhalten, oder du verlässt unser Unternehmen.[15] Das ist keine Drohung, das geschieht nicht aus fehlender Wertschätzung, sondern ist eine klare Alternative, zu der ich als Führungskraft nur greife, wenn Beteiligte signalisieren, dass sie sich nicht verändern wollen. Es braucht diese Grenzziehung, die von den Betroffenen manchmal als gezielte Verletzung wahrgenommen wird, um Veränderung zu ermöglichen. Und ich habe allen Respekt davor, wenn sich jemand anders entscheidet, denn letztlich kann ich ja nur in den Grenzen meiner eigenen Sichtweisen wissen, ob die von mir geführte Veränderung wirklich die angestrebte Verbesserung realisiert, und wer davon profitiert.

Wertschätzung kann leicht als lässliche oder defensive Haltung missverstanden werden und wird deshalb gelegentlich in ihrem Stellenwert für Führung und Veränderung falsch eingesetzt. Doch Wertschätzung kommt zuallererst.

Welche Aufgaben schlagen Sie für sich vor, um Wertschätzung zu üben?
1. ...
2. ...
3. ...

---

15 Die Umkehrung gilt nicht: Entlassung bedeutet nicht die Feststellung eines mangelnden Veränderungswillens.

Verbessern heißt verändern.

Perfekt sein, heißt, sich oft verändern.

Winston Churchill

Führen von Veränderung

Veränderungen sind Alltagsgeschäft von Führungskräften. Führen von Veränderung gehört zu den prominenten Herausforderungen.Dabei geht es in erster Linie um Menschen. Ohne die beteiligten Menschen läuft gar nichts. Organisatorische Veränderung bedeutet immer (Selbst-)Veränderung von Menschen. – Natürlich ist es möglich, Abteilungen zusammenzulegen, neue Abläufe einzuführen, einen Bereich zu restrukturieren, oder das Unternehmen neu auszurichten, ohne jeden einzelnen Mitarbeiter, Kunden und Geldgeber bei jedem Schritt mit einzubeziehen. Das würde gar nicht gehen und jede Veränderung zu einem unerhört schwerfälligen Unterfangen machen. Doch wenn die beteiligten Menschen nicht auch ihr Verhalten, ihre Gewohnheiten und vielleicht auch ihre Ansichten und Einstellungen zu ändern, steht alles andere nur auf dem Papier.

Denken Sie dabei nicht nur an große und umfassende Veränderungsvorhaben wie die Restrukturierung eines ganzen Unternehmens oder einer Verwaltung. Auch bei vergleichsweise kleineren Veränderungen wie der Einführung einer neuen Software oder der Zusammenstellung eines neuen Arbeitsteams müssen die Beteiligten ihr Denken und Handeln darauf einstellen. Das gilt um so mehr für unsere modernen komplexen Arbeitszusammenhänge, die nur steuerbar sind, wenn gezielt Selbstverantwortung und Selbstorganisation gelebt wird.

Wenn Sie sich mit dem Thema „Führen von Veränderung" auseinandersetzen, hören Sie unterschiedliche Begriffe, die mit unterschiedlichen Sichtweisen verbunden sind:

Change Management
Change Management wird im Deutschen auch übersetzt mit „Management des Wandels". Zwei unterschiedliche Aspekte sind damit in der Regel gemeint: (a) „Den Wandel managen". Was muss und kann Management tun, um das Unternehmen in Hinblick auf die sich schnell wandelnden Rahmenbedingungen sicher und profitabel zu führen? (b) Change Management als Begriff für das Management konkreter Verän-

derungsprojekte. Dazu gehören Fragen des Projektmanagements, der Organisation von Lernprozessen und der Kommunikation. Spezialisten für Change Management bilden einen eigenen Berufszweig von Beraterinnen und internen Stabsfunktionen. Konkrete Fragen der Führung von Veränderung, wie ich sie in diesem Buch darstelle, sind ein Teil davon. In dieser Bedeutung beschreibt Change Management eine allgemeine Standardfunktion von Management und Führung und wird auch so weltweit in der Managementausbildung gebraucht.

Organisationsentwicklung (OE)

Organisationsentwicklung umfasst eine Vielzahl von Vorstellungen über die gezielte Planung und Steuerung von Veränderungsprozessen, die aus den Sozialwissenschaften kommen. Ihre gemeinsame Maxime, die Betroffenen an Veränderungen wirklich zu beteiligen, um nachhaltige Erfolge zu erreichen, ist erfahrungswissenschaftlich gut abgesichert. In der Praxis zeigt sich allerdings, dass gerade in Bezug auf Unternehmen auch vielleicht „kurzfristigere" betriebswirtschaftliche Überlegungen wie „Schnelligkeit", „Kosten" und „Strategiekonformität" berücksichtigt werden müssen. Wegen ihrer teilweise dogmatischen Konzentration auf die sozialen Prozesse ist die OE etwas in Verruf geraten. Für nachhaltig wirksames Change Management sind ihre Erfahrungen und Werkzeuge allerdings unentbehrlich.

Transition Management

Den englischen Begriff „Transition Management" kann man mit „Übergangsmanagement" übersetzen. Es geht um den Übergang von jetzt nach morgen. Ausgangs- und Endpunkt der Veränderung stehen fest: eine neue Abteilung, die Trennung von Bereichen, die Struktur des neuen Unternehmens („Post Merger Management"). Im Mittelpunkt stehen vor allem psychologische Aspekte, wie der Umgang mit dem so genannten „Widerstand". Die Herausforderung für Transition Management ist, die Chancen wie Synergie und neue Kostenstrukturen zu nutzen und Risiken wie Kündigung guter Mitarbeiter, unsichere Prozesse, Sinken der Qualität aktiv zu steuern.

Transformation Management

Manche Autoren und Forscher[16] sprechen auch von „Transformation Management". Damit soll betont werden, dass es sich bei der in Frage

---

[16] NOEL M. TICHY, MARY A. DEVANNA (1997): The Transformational Leader.

stehenden Veränderung nicht um ein eine kleine Nebensächlichkeit
handelt. Nein, die Veränderung betrifft Personen und Unternehmen in
ihrem Innersten. Es geht um eine „Umwandlung" der Identität: Gut ein-
gespielte Verhaltensweisen und Gewohnheiten werden in Frage gestellt
und müssen aufgegeben werden. Herausfordernde Ziele können nicht
durch bloß quantitative Anpassungen (mehr Desselben) erreicht werden,
sondern benötigen eine andere, neue Qualität im Denken, Fühlen und
Handeln. Das Unternehmen, die Organisation braucht eine neue Identität.

„Führen von Veränderung" umfasst diese unterschiedlichen Bedeutungen und formuliert die darin liegende Herausforderung für Führung. Dabei bleibt noch unentschieden, welche Vorstellungen ich von der Veränderung habe oder welchen Aspekt ich in den Vordergrund stelle.

> „Veränderung" bedeutet zunächst nur, dass etwas anders wird, als es
> einmal war.

Wie es genau dazu kommt, welcher Zusammenhang zwischen dem einen
Zustand und dem anderen besteht, ist damit nicht ausgedrückt. Vielleicht
begegnen Sie im Zusammenhang mit Veränderungen in Unternehmen
noch anderen Begriffen wie „evolutionäres Management" und „systemische Organisationsentwicklung", die bestimmte theoretische Hin-
sichten der Evolutionstheorie und der Theorie sozialer Systeme vorstellen, um Veränderungen zu verstehen. Die hier gewonnen Erkenntnisse
sind eine Fundgrube für die sich immer weiter entwickelnden Managementwerkzeuge. Sie bereichern und vertiefen unser Verständnis von Veränderungen im Licht wissenschaftlicher Erkenntnisse. – Welche Vorstellung oder Theorie ich wähle, hängt allerdings aus der hier eingenomme-
nen pragmatischen Sicht von Führung davon ab, was am besten in der
Praxis funktioniert.

In der pragmatischen Managementtheorie steht in den letzten Jahren
„Leading Change"[17], Führen von Veränderung und Wandel, im Zentrum
der Aufmerksamkeit. Das ist auch der Blickwinkel, den ich diesem Buch
einnehme. Besonders amerikanische Forscher weisen darauf hin, dass gelingende Veränderung eine Art von Führung braucht, die über das bloße

---

[17] Beispielhaft JOHN P. KOTTER (1996): Leading Change.

Management von planbaren Vorgehensschritten hinausgeht.[18] Ungewissheit und Komplexität weisen die Idee der Planbarkeit in ihre Grenzen. Dieser Aspekt war im Zuge eher soziologischer und betriebswirtschaftlicher Betrachtungen in den früheren Jahrzehnten wenig beachtet worden. Vielleicht war auch als selbstverständlich vorausgesetzt, worum wir heute ringen müssen, dass Führung von Veränderung nicht nur Handwerk braucht, sondern auch Überzeugungstäter, dass Wandel und Veränderung für die Beteiligten Sinn machen muss, der, wenn nicht begeistert, so doch wenigstens überzeugt.

 Für welche Veränderungen in Ihrem Unternehmen, Ihrer Familie, oder auch politische und soziale Veränderungen haben Sie sich bisher in Ihrem Leben eingesetzt? Welches sind Ihre wichtigsten Erfahrungen, die Sie mit Ihrem Engagement machen durften?

 Der beste Weg, die Zukunft vorherzusagen, ist, sie zu erschaffen.
Peter F. Drucker

Führen als Leadership

Der Feind erfolgreichen Veränderns ist nicht der Wunsch nach Beständigkeit und Sicherheit, oder die Angst vor dem Wandel, sondern Zynismus[19]: Das ist die Vorstellung, über das Sinnerleben der Beteiligten hinweggehen zu können, und die Menschen eigentlich nicht dafür zu brauchen. Das ist die Idee, dass man Veränderung einfach anordnen und dann kontrollieren kann. Menschen werden instrumentalisiert, sind bloß Mittel, um Ziele zu erreichen, die letztlich von den einzelnen Personen völlig unabhängig sind. Zynisch ist es auch zu glauben, Menschen letztlich über materielle Anreizsysteme zu steuern und Veränderung kaufen zu können.

---

[18] Die Gegensatzbildung von Leadership und Management, wie sie von amerikanischen Autoren gebraucht wird, ist im Deutschen etwas missverständlich. „Management" würde man in diesem Zusammenhang besser mit „Administration" übersetzen. Im Deutschen hat der Begriff Management durchaus einen zukunftsorientierteren und aktiveren Klang.

[19] „Zynismus" ist die Einstellung, wenn man glaubt, seine Mitmenschen und die damit verbundenen sozialen und ethischen Regeln nicht wirklich für sein eigenes Leben nötig zu haben.

Beteiligte, insbesondere Mitarbeiter, verzeihen handwerkliche Fehler in der Kommunikation oder im Projektmanagement. Was sie nicht verzeihen, ist Zynismus: wenn Führungskräfte nicht handeln, wie sie reden, wenn Veränderungen nur einseitigen Interessen dienen, statt das Unternehmen und seine Leistungsfähigkeit insgesamt voran zu bringen, oder wenn man ihnen gar zu verstehen gibt, dass ihr Beitrag eigentlich keine Bedeutung hat. Die Folge ist, dass sie keine Verantwortung übernehmen, sich zurück ziehen, nur noch nach den vorgegebenen Schemata handeln. Das führt zum Misserfolg des Veränderungsprojekts. Erfolgreiche Veränderung in Organisationen braucht die Selbstveränderung der Beteiligten. Und diese brauchen Sinn und Perspektive.

„Leadership" gibt „einer Organisation Zukunftsperspektive und die Fähigkeit, diese Perspektive zu realisieren".[20] Für WARREN BENNIS ist Leadership die erfolgsentscheidende Kompetenz in sich schnell verändernden Märkten und dynamischen und komplexen Umwelten. Dabei meint BENNIS übrigens nicht den einsamen Heros als Unternehmensführer. Leadership wird in gut geführten Unternehmen von Führungskräften auf allen Ebenen gelebt.

Dieser pragmatische Begriff von „Leadership" ist eng mit dem Thema der Veränderung verknüpft: Führung bedeutet eigentlich immer die Führung von Veränderungen, seien es kleine oder größere. Die Frage nach der Führung von Menschen tritt dabei in den Hintergrund. Es geht darum, Resultate zu erreichen. Keine gute Idee ist es aus dieser Sicht, Menschen „verändern" zu wollen oder „an ihnen herum zu schrauben". Das führt zu Vorstellungen psychologischer Manipulation auf der einen und der Flucht vor der persönlichen Verantwortung auf der anderen Seite. Wofür ich keine Verantwortung habe, setze ich mich auch nicht ein.

Führung, die sich selbst ernst nimmt, Verantwortung für sich selbst und die gemeinsame Leistung übernimmt, braucht es auf allen hierarchischen Stufen des Unternehmens. Dabei ist es vielleicht manchmal schwieriger, ein einzelnes Team im Konzernzusammenhang zu führen als das ganze Unternehmen. Wie kann ich mich als mittlere Führungskraft mit den Veränderungsvorstellungen der Geschäftsleitung identifizieren? Es ist an-

---

[20] WARREN BENNIS (1985): Leaders.

strengend, sich in die Veränderungsvorstellungen von anderen hineinzuversetzen, sie nicht nur zu verstehen, sondern sie auch als eigene Vorstellung überzeugend zu reformulieren. Denn das ist die Voraussetzung von „Leadership": für sich selbst und für andere glaubwürdig zu sein.

Veränderung führen ist die zentrale Herausforderung für Führung überhaupt. Führen stellt Leistungen zur Verfügung, welche die Beteiligten unterstützen, Veränderungen zu verwirklichen und sich selbst zu verändern. Manche verzagen vielleicht dabei, andere werden wütend oder machen plötzlich einen Entwicklungsschritt. Um Menschen bei der Veränderung von Denken, Fühlen und Handeln, der Art, wie sie ihre Arbeit tun, im Kontext unternehmerischer Leistungsprozesse zu führen, braucht es natürlich auch Change Management und Organisationsentwicklung. Es braucht Strukturen, Systeme und Werkzeuge. Die neue Organisation, das neue IT-System muss auch in sich gängig sein und funktionieren. Dafür helfen Organisations-, IT-Beratung und technische Unterstützung. Ohne eine klare Vorstellung aber, wie Veränderung selbst funktioniert, das heißt auch, wie sie geführt werden muss und was ich damit erreichen will, nutzt das wenig. Führung kann man nicht ersetzen. Und darum geht es, wenn von Leadership die Rede ist. Das wird im Folgenden für das Verständnis von Führung vorausgesetzt.

Führungsforscher haben Biographien von erfolgreichen Führungskräften und weniger erfolgreichen Managern verglichen.[21] Ergebnis dieser Studien war, dass es bei den erfolgreichen Managern oft kritische Lebensphasen gab, wie zum Beispiel Verlust von Familienangehörigen, Krankheit oder Verlust der Heimat. Sie mussten in ihrem Leben schon einmal größere Veränderung bewältigen.

Welche kritischen Ereignisse haben Sie auf Ihrem Lebensweg besonders geprägt?
– Kindheit
– Jugendzeit
– Erwachsenwerden
– Bis heute

---

[21] Warren Bennis, Robert Thomas (2002): Geeks and Geezers.

Drei Führungsebenen von Veränderungen

1. Führen mit Projektmanagement

Veränderungen werden über Ziele geführt und gesteuert. Ich habe die Vorstellung, dass mein Unternehmen oder mein Verantwortungsbereich mit einer veränderten Organisation, mit veränderten Leistungsprozessen oder auch mit veränderten Leistungen, seinen Zweck besser, effizienter oder preisgünstiger erfüllen kann. Ziele werden kontrolliert und gemessen. Sind mit der neuen Organisationsstruktur die Verkaufszahlen wirklich in der angestrebten Höhe erreicht worden? Ist die Zahl der Kundenreklamationen zurückgegangen? Konnten wir unsere Innovationsrate verdoppeln? Haben wir die Kosten mit der Einführung der neuen ERP Software (Enterprise Ressource Planning) um 20 Prozent gesenkt? Aus der Definition von Zielen wird ein strukturiertes Vorgehen abgeleitet. Das klassische Projektmanagement beschäftigt sich mit der Zergliederung von übergreifenden Zielsetzungen in einzelne überschaubare Handlungsschritte und mit deren Führung und Kontrolle. Als „integratives Projektmanagement"[22] ist es für die Führung von Organisationsveränderungen unverzichtbar. In der folgenden Abbildung habe ich die Führung und Steuerung mit Zielen an die Spitze der Pyramide gestellt. Die Erfahrung zeigt, dass Ziele und Meilensteine nicht erreicht werden, wenn die beteiligten Personen nicht auch ihre Rollen, ihre Denk- und Handlungsmuster ändern.

2. Führen mit Organisationsentwicklung

Inwiefern oder ob überhaupt die angestrebten Ziele erreicht werden können, und wie die einzelnen Handlungsschritte gewählt werden, hängt von den beteiligten Menschen ab. Es ändert sich ja nicht nur eine Struktur oder ein Ablauf, sondern auch die beteiligten Mitarbeiterinnen und Führungskräfte müssen sich ändern, damit mit der neuen Struktur oder dem neuen Ablauf überhaupt die angestrebte Leistung erbracht werden kann. Kommunikationswege und Rollen ändern sich; konkret kommen neue Tätigkeiten hinzu, andere Tätigkeiten werden weggelassen. Man arbeitet mit anderen Menschen zusammen, Teams werden neu zusammengestellt, Abteilungsgrenzen verändert. Die beteiligten Menschen

---

[22] Das klassische Projektmanagement geht eine immer engere Verbindung mit Sichtweisen des Change Managements ein. Eine lesenswerte Einführung in „integratives Projektmanagement" gibt es von Markus Schwaninger und Markus Körner (2004): Organisationsprojekte managen. Universität St. Gallen.

müssen allererst neue Handlungsmuster erlernen, bereit sein, alte Rollen
aufzugeben und neue Denkgewohnheiten zu entwickeln. Das braucht
Zeit. Der Erfolg eines Veränderungsprojektes hängt davon ab, ob die Beteiligten auch ihr Verhalten ändern und letztlich auch ihre Wertvorstellungen weiterentwickeln, die der Ausübung von Rollen und Handlungen
zu Grunde liegen. Das sind auf ein Unternehmen bezogen nicht die ethischen Grundwerte wie Gerechtigkeit und Menschenwürde, sondern auch
spezifische auf die Organisation bezogene Werte wie Vertrauen, Verantwortung oder unternehmerisches Denken. Die Führung dieser sozialen
und kulturellen Ebene geschieht durch die Instrumente der Organisationsentwicklung, durch Coaching, Teamentwicklung, Initiierung organisatorischer Lernprozesse. Organisationsentwicklung ist aus dieser Sicht
die systematische Planung und Steuerung von Lernen und Verhaltensän-
derungen in Organisationen. Im Unterschied zur Steuerung von Zielen
ist die Kultur eines Unternehmens nur indirekt beeinfluss- und steuerbar.
Menschen ändern ihr Verhalten nur, wenn es auch für sie Sinn macht.
Ich erlebe konkret ein neues Verhalten, ein neues Denk- und Handlungsmuster als sinnvoll. Gut, vielleicht kann ich ein bestimmtes Verhalten eine Weile durchhalten, auch wenn ich es als sinnlos empfinde. Ich
akzeptiere zum Beispiel unter Zwang oder Existenzdruck, dass es für
mich mehr Sinn macht, etwas für mich Sinnloses zu tun, als dies zu ver-
weigern.

3. Führen mit Storymanagement

Mein persönlicher Einsatz, meine Motivation, ist allerdings davon abhängig, was für mich Sinn macht, welche konkreten Werte ich in bestimmten Situationen erlebe und fühle. Das Erleben der beteiligten Menschen ist die Basis jeder Organisation. Was hier nicht seinen Grund hat
und begründet werden kann, wird als unglaubwürdig, mindestens als abgehoben und bedeutungslos wahrgenommen. Erleben ist Geschichten erleben: Erleben und Fühlen von Menschen erfolgt in narrativen Sequenzen als Geschichten, erlebten Geschichten, gehörten Geschichten, Vor-
bildgeschichten, selbst erzählten Geschichten. Der Erfolg der Verhaltensänderung (Ebene 2) und damit auch das Erreichen von Projektzielen
(Ebene 1) ist davon abhängig, wie es gelingt, aus der Veränderung für die
Beteiligten eine „gute", das heißt sinntragende Geschichte zu machen.
Die bewusste Führung dieser Erlebnisebene der Organisation geschieht
durch Storymanagement, die systematische Ermöglichung und Gestaltung von Erlebnissen als Sinnlieferanten für das Unternehmen: Vorleben

und im Handeln Vorbild sein, den Beteiligten Bedeutung in der gemeinsamen Geschichte geben, die Spannung der Veränderungsgeschichte systematisch führen, Veränderung als bedeutsame Geschichte für die Beteiligten führen. Geschichten sind daher der Königsweg zur Veränderung kultureller Werte und Sinnvorstellungen.

Die drei Führungsebenen von Veränderungen in Organisationen müssen zusammenpassen

1. Operationalisierbare und messbare Ziele:
   Führen mit Projektmanagement

2. Soziale Rollen, Denk- und Handlungsmuster:
   Führen mit Organisationsentwicklung

3. Konkretes Erleben und Sinnproduktion der Organisation:
   Führen mit Storymanagement

Abbildung 1: Die drei Führungsebenen von Veränderung

Die drei Führungsebenen müssen zusammenpassen. Was nicht im Erleben (Ebene 3) verwurzelt ist, wird nicht gelebt (Ebene 2) und auch nicht realisiert (Ebene 1). Und umgekehrt: werden Ziele nicht erreicht, macht die Veränderung im Erleben der Beteiligten auch wenig Sinn.

Für manche Führungskräfte ist es strittig, welchen Beitrag ein bewusstes Management der sogenannten weichen Faktoren (Ebenen 2 und 3) zum Erfolg eines Veränderungsvorhabens leisten. Seien die notwendigen organisatorischen Entscheidungen erst mal getroffen, würden sich die Beteiligten schon drein finden. Eine solche Haltung kann in bestimmten Fällen eine erfolgreiche Veränderungsstrategie sein, zum Beispiel bei unmittelbarer Existenzbedrohung. Und in Organisationen, die rein durch Befehl und Gehorsam gesteuert sind, braucht es kein Management der weichen Faktoren.

Kommunikation und Kultur sind entscheidend für den Erfolg von Veränderungsvorhaben: die weichen Faktoren sind harte Faktoren.

Auch kann es keine aussagefähigen direkten Vergleichsuntersuchungen
geben: Es ist logisch unmöglich zu bestimmen, was mit und was ohne bewusstes Change Management der Ebenen 2 und 3 passiert. Aus dem Vergleich von Einzelfällen lassen sich keine allgemeinen Aussagen treffen.
Das wäre ein Fehlschluss.

Es sind letztlich Erfahrungen, erlebte Geschichten von Beteiligten, welche die Behauptung stützen: Weiche Faktoren sind harte Faktoren. Aus-
wertungen von Veränderungsprojekten und Befragungen von Führungskräften[23] ergeben, dass Kommunikation und Kultur entscheidend für den
Erfolg von Veränderungsvorhaben sind. Führungs- und Organisations-
modelle, in denen kulturelle Veränderung direkt adressiert ist, bewähren
sich in der Praxis.

In Lehrbüchern zum Thema Change Management finden Sie die zweite
und dritte Führungsebene zusammengefasst als die kulturelle oder „un-
bewusste" Ebene der Organisation – „Eisberg der Organisation"[24]. Mit
den modernen Instrumentarien des „systemischen Managements"[25] kann
die Erlebnisebene (wieder) eingeführt und zu unterschieden werden. Von
hier aus lässt sich bei Veränderungen nicht nur feststellen und steuern,
welches neue Verhalten gelernt werden soll, sondern auch, welchen Sinn
es macht und machen soll. – Storymanagement nenne ich darum auch die
„Sechste Disziplin" im Anschluss an den Klassiker von Peter Senge, der
für die Führung der sozialen Systemebene (zweite Führungsebene) fünf
Disziplinen[26] unterscheidet.

---

[23] Vergleiche die Literaturbelege in Anm. 2 und 3, S. 3.
[24] Klassisch: WENDELL L. FRENCH und CECIL H. BELL (1973): Organisationsentwicklung,
S. 33.
[25] KARL WEICK (1995): Sensemaking in Organizations, GARETH MORGAN (1986): Images
of Organization, oder auch mein Grundlagenbuch „Storymanagement" (siehe Litera-
turangaben).
[26] PETER SENGE (1990): The Fifth Discipline. Die fünf Disziplinen nach PETER SENGE sind:
(1) Selbstmanagement, (2) das Management der Denk- und Handlungsmuster („men-
tale Modelle"), (3) Erarbeitung einer gemeinsamen Vision, (4) Team-Lernen und (5) die
übergreifende Disziplin des systemischen Denkens.

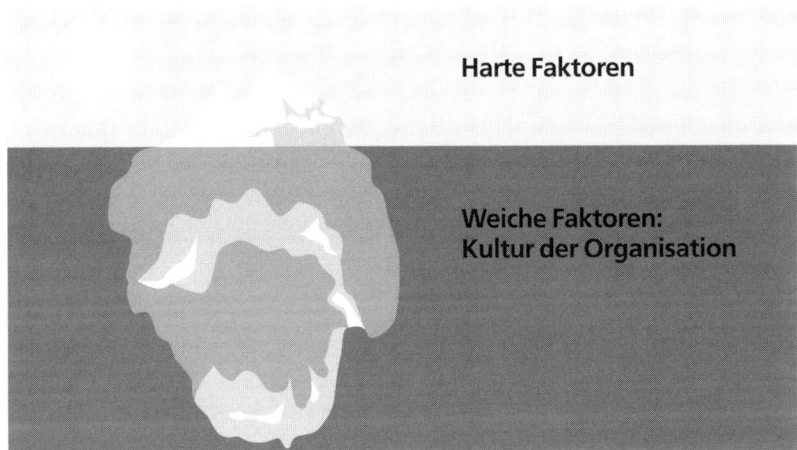

Abbildung 2: Eisberg der Organisation

Ähnlich wie bei einem Eisberg liegen ⁶/₇ der Organisation „unter der Meeresoberfläche"; sie sind oft nicht in der Aufmerksamkeit der Führung. Für die Führung von Veränderungen liegen allerdings hier oft die tragenden Erfolgsbedingungen versteckt. Was auf der ersten Führungsebene tatsächlich an betrieblichen und messbaren Zielen erreicht werden kann, ist entscheidend abhängig von den weichen Faktoren der zweiten und dritten Ebene. Ein Vergleich aktueller Studien zum Change Management[27] gewichtet die Bedeutsamkeit der weichen kulturellen Faktoren aus Sicht der befragten Führungskräfte im Durchschnitt bei 58 Prozent. Nach meiner Erfahrung gibt auch das Bild vom Eisberg eine realistische Einschätzung: ¹/₇ zu ⁶/₇. Das wäre etwa das Verhältnis von Investitionen und Aufwand für das Management der Veränderung. Zumindest ist das eine Größenordnung für die Planung von Managementressourcen, welche der geläufigen Unterschätzung des Aufwandes für das Management der weichen Faktoren entgegenwirkt.

Ein ursächlicher Zusammenhang zwischen einer bestimmten Wertvorstellung oder kulturellen Eigenart und der Umsatzrendite lässt sich allerdings genau so wie beim Vergleich der Wirkung von Führungsinterventionen (vgl. oben) nicht direkt darstellen. Veränderungen des Ver-

---

[27] Stefan Fries, Jürgen Schüppel u. a. (2004): Was immer du tust, vergiss nicht die Mitarbeiter, in HR-Services 3-4/2004.

haltens und Lerneffekte können nur indirekt überprüft werden. Ich kann durch Beobachtung, durch Interviews und Fragebögen herausfinden, inwiefern und was nach der subjektiven Einschätzung der Beteiligten tatsächlich gelernt wurde. Auch kann ich über die gelebte Organisationskultur Aufschluss bekommen durch Beobachtung und Interviews der gelebten Werte und der damit verbundenen Sinnvorstellungen. Evaluieren lassen sich schließlich die Erfahrungen von Beteiligten über die Faktoren erfolgreicher Veränderung. Kulturelle Faktoren bekommen hier eine hohe bis sehr hohe Bewertung.[28]

Insofern können Veränderungen auch über Ziele und Interventionen der zweiten und dritten Führungsebene gesteuert werden. Allerdings ist dafür Ihre eigene „unternehmerische" Vorstellung nötig. Kulturelle und ethische Ziele, die sie erreichen wollen, spielen eine Rolle, weil sie das gut und für Ihr eigenes Leben sinnvoll finden. Es gehört zu Ihrem unternehmerischen Selbstverständnis, dass Sie kulturelle und ethische Ziele mit Ihrem Veränderungsvorhaben verwirklichen wollen. Die Argumente mancher Wirtschaftsethiker und Vertreter der Unternehmenskultur, dass Ethik und Kultur zwangsläufig zum geschäftlichen Erfolg führt, halten der Wirklichkeit nicht stand. Sie müssen sich schon entscheiden, welche kulturelle und ethische Basis Sie in Ihrem Unternehmen leben wollen.[29] Dann (erst) leistet das Management der weichen kulturellen Faktoren auch einen Wertbeitrag.

Zur Übung Ihrer Vorstellungskraft: Bei der anstehenden Änderung Ihrer Verkaufsorganisation wollen Sie eine Umsatzsteigerung von 50 Prozent erreichen (Ziel erste Führungsebene).

Welche Ziele ergeben sich daraus nach Ihrer Erfahrung für die Veränderung der Rollen und Leistungsprozesse (zweite Führungsebene)?

Welche neuen Werte sollen die beteiligten Mitarbeiter und Kunden erleben? – Welche konkreten Erfahrungen können Sie sich dafür vorstellen?

---

[28] Vergleiche die Change Management Studie von Capgemini (2003).
[29] Siehe zur Vertiefung PETER KOESTENBAUM (2002): Leadership – The Inner Side of Great-ness.

Ich kann freilich nicht sagen, ob es besser wird, wenn es anders wird;
aber so viel kann ich sagen,
es muss anders werden, wenn es gut werden soll.
Georg Christoph Lichtenberg

Der Sinn von Veränderung als „Befreiung"

Führen von Veränderung hat einen Sinn, eine Richtung und einen Inhalt, der über die Veränderung in der konkret gegebenen Situation hinausgeht. Management ist mehr als die Technologie des Ins-Werk-Setzens. Eine Veränderung, die wir realisieren wollen, macht keinen beliebigen oder bloß willkürlichen Unterschied.

Der Beweggrund und die Richtung wirtschaftlicher Resultate ist die konkrete Verbesserung des Lebens von Menschen, von Kunden und Klienten. Das ist die Basis des Geschäfts oder des Leistungsauftrags. Sonst würde niemand dafür bezahlen. Jedenfalls müssen Menschen das wenigstens für den Moment des Kaufes, beziehungsweise der Erklärung ihrer Verbindlichkeit glauben. Und wer diese Erwartung nicht auch nachhaltig erfüllt, wird sich unter Marktbedingungen kaum halten können, es sei denn durch wirklich lang andauernden Betrug.

Der formale Inhalt[30] der Verbesserung ist „Befreiung": Verbesserung bedeutet immer auch Befreiung von Umständen, die mir weniger gefallen. Ohne die Vorstellung von „Befreiung" gibt es in menschlichen Zusammenhängen keine Verbesserung und keine Veränderung. Wieso sonst sollte ich mich verändern, wenn das nicht zugleich für mich eine Verbesserung bedeutet und einen Zugewinn an Freiheit bringt?[31] Eine Veränderung, die nicht auch befreit, ist nichts, wofür ich mich einsetzen will. „Befreiung" hat zwei Bedeutungen:

---

[30] Das meine ich ganz grundsätzlich: Ich will also keinen Streit mit Personen, für welche die Erhöhung des Aktienwertes oder auch ein höheres Einkommen einen Zuwachs an Freiheit bedeutet. So viele Menschen es gibt, so viele Vorstellungen gibt es, was zum jeweiligen Zeitpunkt in der jeweiligen Situation ein Zuwachs an Freiheit ist. Um welche Freiheit es im jeweiligen Fall allerdings gehen sollte, darüber streite ich mich gerne.

[31] Der Philosoph IMMANUEL KANT (1785): Grundlegung zur Metaphysik der Sitten, argumentiert in seiner Handlungstheorie sogar dafür, dass willentliches Handeln von Menschen überhaupt seine Triebfeder in der Idee der Freiheit hat. Diese Auffassung ist seither Grundlage eines pragmatischen Führungsverständnisses.

1. Befreiung von fesselnden Umständen und Verhaltensgewohnheiten, die auf Dauer das Geschäft, die Existenz des Unternehmens oder meine persönliche Existenz gefährden. Das sind ineffiziente Leistungsprozesse, zu geringe Eigenkapitaldecke, zu geringe Ressourcen für die Aufgaben der Organisation, abnehmende Wettbewerbsfähigkeit.
2. Befreiung zu der Vervielfältigung der Möglichkeiten, zu Verbesserungen beizutragen, um damit neue Lebenschancen zu realisieren. Dazu gehört in unserer Welt die Zunahme von materiellem Wohlstand, die persönliche Entwicklung neuer Fähigkeiten und Kompetenzen und die Realisierung neuer Geschäftsmöglichkeiten.

Wir erleben Veränderung dann als sinnvoll, wenn sie zur Befreiung von hinderlichen Verhaltensgewohnheiten und Organisationsstrukturen hin zu einer Vervielfältigung unserer Handlungsmöglichkeiten führt, für andere Nutzen zu erzeugen. Das ist der doppelte Sinn von „Freiheit": die „Freiheit von" Fesseln, Ballast, Einschränkung und Sklaverei (negative Freiheit), und die „Freiheit zu" als Erweiterung unserer Selbstbestimmung (positive Freiheit).

Bitte verstehen Sie das nicht „moralisch". Damit ist keine Wertung verbunden, sondern die Beschreibung einer Tatsache. Eine Zunahme an Bequemlichkeit, die Möglichkeit vom Alltag abzuschalten kann subjektiv durchaus als Freiheitsgewinn erlebt werden, auch wenn es objektiv jedenfalls mittelfristig zu einer Einschränkung der Handlungsmöglichkeiten führt. Aber darüber können wir ja im Einzelfall diskutieren. – Umgekehrt ist wohl der Hunger, das unmittelbare Fehlen des Lebensnotwendigen, eine der schwer wiegendsten Formen der Unfreiheit, die wir Menschen kennen.

Veränderung wird dann von den Beteiligten als sinnvoll erlebt, wenn sie ein Beitrag zur „Verbesserung" der Welt ist, sei es das frisch gebackene Brot, die Heilung einer Krankheit, das technisch verbesserte Automobil oder die verkürzte Bearbeitungszeit für einen Bauantrag.

Geschichten erfolgreicher Veränderungen sind immer auch Befreiungsgeschichten. Das gilt nicht nur für die Geschichte der Befreiung des Volkes Israel im Alten Testament, die ich im zweiten Kapitel als roten Faden für die Darstellung von Managementinterventionen in Veränderungsprozessen benutze. Erfolgreiche gesellschaftliche Veränderungen sind Befreiungsgeschichten genau so wie die erfolgreiche Einführung neuer Informationstechnologie, welche Abläufe vereinfacht und Zusammenarbeit tatsächlich erleichtert, der Umbau einer Verkaufsorganisation, welcher die Fixierung auf eigene Abläufe auflöst und die Kunden in den Blick rückt. Finanzkennzahlen sind dabei die unverzichtbaren Kontrollgrößen, um den Veränderungserfolg zu messen und im unternehmerischen Zusammenhang darzustellen, was erreicht wurde und was nicht. Das Geschäft ist die Veränderung.

Das Erreichen finanzieller Ziele, die Erhöhung der Produktivität und der Effizienz oder die Restrukturierung der Organisationseinheit ist eingebettet in einen gemeinsamen Sinnzusammenhang, wenn damit der Beitrag der Organisation und des Unternehmens insgesamt zum Nutzen der Freiheit verbessert werden kann. Sicher kann und soll darüber im Einzelfall gestritten werden, ob der Nutzen mehr Geld, intelligentere Produkte, weniger Umweltbelastung, mehr soziale Sicherheit oder gar mehr politische Freiheit ist. Das ändert allerdings nichts an der allgemeinen Richtung. Der von den Beteiligten gesehene Nutzen entscheidet letztlich, welche Veränderung tatsächlich den Erfolg des Unternehmens nachhaltig voran bringt.

Die Grundlogik des aktiven Veränderns und des Führens von Veränderungsprozessen ist:

Menschen wollen an einer umfassenden und größeren Geschichte beteiligt sein, die ihrem individuellen und gemeinschaftlichen Handeln Sinn und Bedeutung gibt.

Nur die Aussicht auf wirkliche Verbesserung gibt Sinn.

Aus dieser Sicht fehlleitende Ansätze wie „Veränderungen erzeugen immer Angst" oder „Veränderung erzeugt Widerstände" oder „Veränderung braucht Druck" werden so zumindest in einen neuen Rahmen gestellt. Na ja, ich würde sagen, auch etwas außer Kraft gesetzt. Sie sind im Zusammenhang des Führens einfach wenig hilfreich. Sie wecken Bilder, die Veränderung eher blockieren als voranbringen. Veränderung führen als das Überwinden von Angst, die Ausschaltung von Widerständen und die Ausübung von Druck ist für keinen der Beteiligten attraktiv. Wenn eine Veränderung für uns zu einer „guten Geschichte" wird, hat das in der Regel vor allem damit zu tun, dass sie uns neue Chancen und Perspektiven eröffnet. Wir haben das Gefühl, dass sich die Anstrengung gelohnt hat, dass wir auf das Erreichte stolz sein können.

Erzählen Sie mal:

– Welche drei wichtigen Befreiungen sind Ihnen bisher in Ihrem Leben gelungen?
– Welches sind Ihre persönlichen Befreiungsgeschichten?
– Welche dieser Geschichten wollen Sie Ihren Mitarbeitern erzählen?

Man wandelt nur, was man annimmt.
Carl Gustav Jung

Drei psychologische Phasen der Veränderung

Ein Ziel erreicht meistens derjenige am leichtesten, der den Weg dahin am besten kennt. Ein bestimmtes Ergebnis realisieren wir am ehesten, wenn wir die Bedingungen kennen, unter denen wir es erreichen können.

Das psychologische Modell der drei Phasen einer persönlichen Veränderung bietet dafür eine erste Orientierung. Damit tatsächlich etwas anders wird und wir uns auch selbst verändern, müssen wir als Personen diese drei Phasen durchlaufen: (1) Abschied von alten Zustand, (2) eine Phase der Unentschiedenheit und Verwirrung, und schließlich (3) die Phase des Neubeginns.

1. Phase:
Das Neue ist zwar schon wahrnehmbar. Wir haben eine Vorstellung darüber, was das Neue ist und was dadurch besser werden soll. Die alten Verhaltensmuster funktionieren aber noch. Wir müssen uns erst vom Alten verabschieden, das Alte zu Ende bringen.

2. Phase:
Wir tauchen ein in ein Zwischenstadium der Verwirrung und Orientierungslosigkeit. Wir gehen durch eine Krise, eine Entscheidungssituation,

in der wir uns für das Neue entscheiden, aber auch hängen bleiben oder abstürzen können. Es ist unklar, welches Verhalten, welches Denken, Fühlen und Handeln jetzt das richtige ist. Wir wägen ab, es geht hin und her. Es kostet tatsächlich Überwindung, Neues auszuprobieren und sich auf Neues einzulassen.

3. Phase:

Ein neuer Anfang wird geschafft. Jedenfalls ein erster Schritt. Das Alte haben wir hinter uns gelassen. Das Neue erfüllt uns mit Energie und Kraft. Wir beginnen zielgerichtet zu denken und zu handeln. Die Veränderung wird Wirklichkeit.

Psychologische Phasen der Veränderung

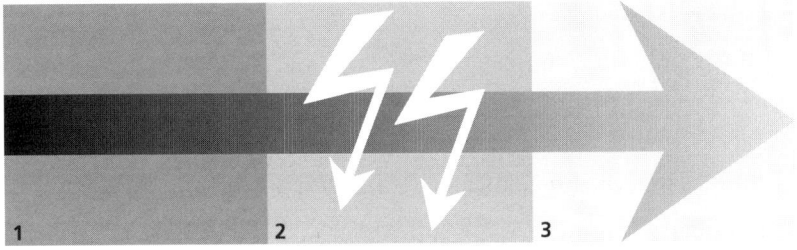

1. Abschied:
Trauer, Ärger,
Resignation, Widerstand

2. Zwischen Altem und Neuem:
Verwirrung, Depression

3. Neuanfang:
Neugier, Freude,
Optimismus

Abbildung 3: Psychologische Phasen der Veränderung

Diese psychologischen Phasen sind nicht beliebig. Man kann nicht darauf verzichten oder eine Phase auslassen: Nur wer das Alte verabschiedet, kann sich wirklich Neuem zuwenden. Jede Veränderung braucht eine kürzere oder längere Phase der Unentschiedenheit, des Hin und Her, damit überhaupt entschieden werden kann, die neue Richtung wirklich eingeschlagen wird. Ein neuer Anfang muss gemacht werden. Vielleicht habe ich mein Verhalten geändert, sobald meine Aufmerksamkeit aber kurz nachlässt, bin ich wieder in meinen alten Mustern.

Die Erfahrung der drei Phasen der Veränderung gehört zum Wissen der Menschheit. Christus musste am Kreuz Abschied nehmen und in die Hölle (Zone der Verwirrung) hinabsteigen, bevor er wieder auferstehen konnte. Das tibetanische Totenbuch erzählt von den Erlebnissen in diesen Übergangsschritten. Krankheits- und Sterbeforscher berichten darüber. Psychologen haben die drei Phasen erforscht und ausführlich dargestellt.[32] Moderne Entscheidungstheorien und Verhandlungsstrategien richten sich an den drei Phasen aus: (1) Dem Verhandlungspartner die Möglichkeit geben, die vorgefasste Meinung zu verabschieden. (2) Klären, welche Alternativen möglich sind, und welche Konsequenzen sie haben. (3) Das Neue in den Blick nehmen, konkrete Maßnahmen und Handlungsschritte festlegen. Darum brauchen Entscheidungen und Verhandlungen Zeit – die Zeit, die wir brauchen, um die drei Phasen zu durchleben.

Veränderungsprozesse zu führen bedeutet, sich und andere dabei zu unterstützen, erfolgreich durch die drei psychologischen Phasen zu gehen.

Die drei Phasen sind nichts Beiläufiges, was man auch auslassen könnte, um eine Veränderung verwirklichen. Wer nicht Abschied nimmt, kann nichts Neues beginnen. Wer Unsicherheit und Verwirrung nicht ertragen will, wird nicht erreichen, was er wollte. Wer den Neuanfang nicht wagt, bleibt im Alten stecken. Die drei Phasen bilden das psychologische Grundmuster gelingender Veränderung. Wie gut sie gelingt, hängt ganz wesentlich davon ab, wie gut es den Menschen, die damit befasst sind, gelingt, diese drei Phasen zu durchlaufen. Steckenbleiben und Stillstand immer wieder zu überwinden, Kurzschlussentscheidungen zu vermeiden, zu seiner Unsicherheit zu stehen und das Ziel im Blick zu halten.

Viele Veränderungen scheitern auf der persönlichen psychologischen Ebene schon in der ersten Phase. Das Alte wird nicht abgeschlossen und verabschiedet, sondern lebt, wenn auch untergründig weiter. Die eingefahrenen Verhaltensmuster bleiben weiterhin für das Handeln wirksam.

---

[32] CARL GUSTAV JUNGS Kommentar zum „Bardo Thödol" (1935) und seine Psychologie der Übertragung (1946). Die amerikanische Psychotherapeutin ELISABETH KÜBLER-ROSS für die Übergangsphasen des Sterbens: Interviews mit Sterbenden (1972). Für die Organisationsforschung KURT LEWINS Darstellung der drei Phasen (1) Unfreezing, (2) Change, (3) Refreezing. KURT LEWIN (1947): Group Decision and Social Change.

Beim Zusammengehen zweier Firmen für Beleuchtungskörper waren Voraussagen über die Synergien für Verkauf und Produktentwicklung ausschlaggebend. Und natürlich wollte das Management diese sogleich realisieren. Die Verkaufsmannschaften der beiden Ursprungsfirmen wurden in einem neuen Bürozentrum konzentriert und zusammengelegt. Das Problem war, dass die Verkäufer der einen Firma Lampen als Konsumartikel verkauften: Im Mittelpunkt der Verkaufsgespräche standen Design und Mode. Für die Verkäufer der zweiten Firma waren Beleuchtungskörper technische Problemlösungen, die für ganz verschiedene Herausforderungen des Kunden verkauft wurden. Hinzu kam, dass die Modeartikler ihre Lampen direkt beim Kunden verkauften und eigentlich nie im Büro waren, während die Techniker den Verkauf über Telefon und technische Broschüren bevorzugten. Zusätzlich waren sie verärgert über das neue Großraumbüro, in dem ein „ungestörtes Arbeiten" kaum möglich war.

Das Ergebnis: Die Verkäufe gingen insgesamt zurück; Querverkäufe fanden trotz ausführlicher Schulung überhaupt nicht statt. Eigentlich hatte sich nichts geändert. Die Mitarbeiter hatten sich nicht von den alten Verhaltensgewohnheiten verabschiedet. Ja, man hatte sich noch nicht einmal bewusst gemacht, dass es für die neue Organisation auch eine neue Art zu handeln braucht.

Die zweite Phase der Veränderung ist mit Unsicherheit und Momenten der Orientierungslosigkeit verbunden. Wir sind nicht mehr hier und eben auch noch nicht dort. Es ist wie im Zwielicht der Dämmerung: die Umgebung wird unscharf, Schatten und Gegenstände lassen sich schwer unterscheiden. Manche Psychologen sagen[33], dass diese Unsicherheit immer mit dem Gefühl der Angst verbunden sei. Das ist nach meiner Erfahrung nicht so. Ich kenne durchaus viele Menschen, bei denen das Gefühl der Neugier oder auch der Vorfreude auf die anstehende Veränderung dominiert. Manche Menschen erleben diese gewisse Unklarheit zwar als unangenehm, vielleicht auch weil wir nicht gerne über unsere Gefühle der Unsicherheit sprechen. Denn sonst würden wir merken, dass es allen anderen auch so geht. Nicht eigentlich die Unsicherheit ist unangenehm, sondern das Gefühl und die Meinung, dass das einen Makel bedeutet.

---

[33] C. G. JUNG und seine Nachfolgerinnen.

Die *neue Organisationsstruktur ist beschlossen, aber noch nicht einge-*
führt. Ich habe gerade eine neue Stelle angetreten, bin aber noch nicht
vertraut damit. Wir sind gerade dabei, ein neues IT-System einzuführen,
arbeiten aber eigentlich noch mit dem alten.

Der klassische Fall ist der einer bekannten Firma für Sporttextilien.
Durch den Kauf von weiteren Sportgeräteherstellern wollte sie diversifi-
zieren und vor allem wachsen und an Marktmacht zulegen. Da schien es
ein guter Plan, mit der neu gewonnen Größe die Verkaufsorganisation
in regionale Zentren aufzugliedern. Die Zentren wurden festgelegt und
die Mitarbeiter entsprechend zugeordnet. Gleichzeitig blieb aber das al-
te Bonussystem bestehen, das sich quantitativ an den Umsätzen der Ein-
zelfirmen ausrichtete. Interessant war, was geschah: die Zentren blieben
mehr oder weniger leer. Die Verkaufsmitarbeiter nahmen ihre Vorge-
setzten einfach nicht in Anspruch, sondern suchten mit ihren alten
Führungskräften in Kontakt zu bleiben, um die Verkaufsaktivitäten spar-
tenmäßig zu koordinieren. Den Mitarbeitern war es nicht gelungen, in
die dritte Phase des Übergangs zu kommen und einen neuen Anfang zu
machen.

Aber auch ein neuer Anfang kann misslingen.

Vor einigen Jahren wollte ein Versicherungskonzern eine umfassende
Kostensenkung erreichen. Die Geschäftsleitung hatte die Idee, die Mit-
arbeiter mit ins Boot zu holen. Ein Vorschlagswesen mit enormen Prä-
mienversprechungen wurde eingerichtet, um die Kreativität der Mitar-
beiter anzuspornen. Nach drei Monaten gab der Projektleiter entnervt
seinen Auftrag an die Geschäftsleitung zurück. Statt ein geschätztes Ein-
sparpotenzial von 500 000 Euro zu realisieren, war die tatsächliche
Summe bisher bei 1 500 Euro. Die meisten Vorschläge waren der Art:
Schneiden Sie doch die A4-Seite vor dem Faxen ins Querformat. Das
spart 15 Prozent bei der Fax-Übertragung.

Durch die drei Phasen geht jeder Mensch, der eine wirkliche Veränderung meistert. Sie beschreiben voneinander abgrenzbare Beobachtungs-
und Führungssequenzen. Viele Veränderungen scheitern nicht wegen eines schlechten Projektmanagements oder weil Mitarbeiter nicht eingese-
hen haben, warum die Veränderung sinnvoll ist. Sondern weil die Abfolge der psychologischen Phasen nicht eingehalten wurde. Tatsächlich
verändern wir Menschen uns nur und insofern wir diese drei Phasen

wirklich erleben. Gelebte Erfahrung lässt sich nicht ersetzen. Sie lässt sich auch nicht erzwingen. Jede Führungsintervention hat darin ihre Grenze.

Die Veränderung der individuellen „mind sets" ist die Voraussetzung aller wirklichen Veränderungen im Unternehmen. Ihre Veränderung folgt der „Dramaturgie" der drei psychologischen Phasen. Jeder Beteiligte muss diese drei Phasen durchlaufen, um sich zu verändern. Das braucht Zeit und die bestimmte Qualität der Erlebnisweisen, die auf der dritten Führungsebene für Produktion von (neuem) Sinn notwendig sind. Man kann zwar verstandesmäßig eine Veränderung bejahen, doch verwirklicht ist sie erst, wenn man den neuen Sinn der Veränderung auch erlebt hat. Die drei psychologischen Phasen gliedern das subjektive Erleben von Menschen in Veränderungsprozessen. Dass die Beteiligten diese Phasen erleben, ist die Voraussetzung dafür, dass die Veränderung auf der Ebene der Handlungsmuster, Verhaltensgewohnheiten und Gefühle (zweite Führungsebene, s. S. 31f.) stattfindet.

Erleben hat die Form von Geschichten. Wir können gar nicht anders erleben und handeln als in narrativen Sequenzen mit einem Anfang, einem Höhepunkt der Entscheidung und einer Lösung. Das ist eine psychologische und eine anthropologische Tatsache.[34]

Darum kann ich andere Personen beeinflussen, indem ich ihnen ermögliche, bestimmte Geschichten zu erleben und darin eine Rolle zu übernehmen: Was ist der Anfang der Geschichte? Welche Hauptpersonen spielen eine Rolle? Welche Probleme und Fragestellungen sind damit verbunden? Welche Spannung entsteht daraus? Wie wird diese Spannung gelöst? – Veränderungen in Organisationen sind selbst Geschichten mit vielen Personen und vielen kleinen Veränderungen, die sich zu einer Veränderungsgeschichte fügen. Sie hat einen Anfang und ein Ende. Veränderung gelingt, wenn sie für die Beteiligten zu einer guten Geschichte geworden ist.

Wie die drei Phasen im Zusammenhang einer Geschichte mit mehreren beteiligten Personen im Zusammenhang eines Unternehmens, einer Organisation, erlebt und gestaltet werden mit einem Anfang, einem Höhepunkt der Spannung und einem Ende, erkläre ich im folgenden Abschnitt.

---

[34] Die Grundlagen habe ich dargestellt in MICHAEL LOEBBERT (2003): Storymanagement.

Die drei Phasen der Veränderung haben Sie auch bei Ihren „Befreiungen" erlebt, an die Sie sich im letzten Abschnitt erinnert haben. In welchen Erlebnissen sind Ihnen die einzelnen Phasen besonders gut wahrnehmbar geworden? Wie haben Sie gemerkt, in welcher Phase der Veränderung Sie gerade sind?

> Jene Menschen, die nicht die Macht über die Geschichten haben,
> die ihr Leben bestimmen, die nicht die Kraft haben, sie neu zu erzählen,
> neu zu denken, zu analysieren und Witze über sie zu machen,
> sie zu ändern, wie sich die Zeiten ändern, – jene sind wirklich machtlos.
> Salman Rushdie

Veränderung als Geschichte

Veränderung geschieht in einer Abfolge von (subjektiven) Erlebnissen in den psychologischen Phasen (1) des Abschieds, (2) der Orientierung und (3) des Neuanfangs. Ihre inhaltliche Bedeutung bekommen die drei Phasen in der Geschichte, die wir mit unseren Erlebnissen erleben und erzählen.

Inhalt einer Veränderungsgeschichte ist der Konflikt zwischen Alt und Neu.

Die „Geschichte" ist allgemeine Form und jeweils konkreter Inhalt, wie sich das Erleben und die Gestaltung von Veränderung gliedert: Es gibt einen Anfang und ein Ende der Veränderung oder Veränderungssequenz, mit der ich es gerade zu tun habe. Es gibt die Personen und ihre Rollen. Inhalt einer Veränderung ist die Konfliktgeschichte[35] zwischen Alt und Neu: Wird sich das Neue gegen das Alte durchsetzen? Wird es gelingen, das Neue zu verwirklichen? Es ist spannend, ob und wie die Veränderung wirklich gelingt. Es ändern sich die Beziehungen und der Zusammenhang der Personen. Es gibt ein Thema oder eine Fragestellung. Personen gehen verändert, vielleicht geläutert aus der Geschichte hervor. Dadurch entsteht neues Denken und Handeln.

---

[35] „Die Form der Veränderung ist der Streit." DIRK BAECKER (2004) in: FRANK BOOS und BARBARA HEITGER (Hrsg.): Veränderung systemisch; Stuttgart.

Veränderungen werden als dramatische Geschichten erlebt und auch aktiv gestaltet. Die Geschichte bildet als jeweilige Sequenz von Erlebnissen
und Handlungen einer oder mehrerer Personen den Gesamtzusammenhang, aus dem das einzelne Erlebnis und die einzelne Handlung ihren
Sinn und ihre Bedeutung bekommen. Geschichten, die ich mir und anderen über die bestimmte Veränderung erzähle, mit der ich es gerade zu
tun habe, sind daher auch selbst ein wirksames Instrument zur Steuerung
von Veränderungen.[36] Je nachdem, wie ich diese Geschichte mit Blick in
die Vergangenheit und in die Zukunft erzähle, gebe ich der Veränderung
unterschiedlichen Sinn und Bedeutung. Ist die Veränderung bloß eine Änderung oder Anpassung der Organisation oder beginnt damit eine neue
Geschichte einer grundsätzlich neuen Beziehung mit unseren Kunden, die
Geschichte eines neuen Geschäftsmodells? Ist der Unternehmenszusammenschluss eine Verbindung von starken Partnern („Gemeinsam können
wir noch stärker werden") oder doch eher eine Art „Rettungsaktion"?
Die Geschichte macht einen erheblichen Unterschied für das Erleben und
Handeln der Beteiligten: Erfolgsgeschichte oder Scheitern? Gemeinsame
Geschichte oder „unterschiedliche Filme"? Geschichte, die auch für mich
Sinn macht, oder aus der ich als Verlierer, als „tragische Figur" hervor-
gehen werde? Geschichte, die meine Realität widerspiegelt, oder ein tak-
tisches „Lügenmärchen"? Bei welcher Geschichte will ich eine aktive
Rolle spielen? Zu welcher Geschichte will ich beitragen? Welche Hand-
lungsmöglichkeiten habe ich dann?

Das Erzählen einer Veränderungsgeschichte braucht keine besondere
Kunstfertigkeit. Allerdings ist eine einfache und deutliche Darstellung,
um was und vor allem auch um wen es geht, für die Glaubwürdigkeit des
Erzählers notwendig. Personen machen Geschichten: In ihren Emotionen, Gedanken und Handlungen erzählen sie die Geschichte, in der sie
gerade die Hauptrolle spielen. Welche Spannung dadurch entsteht und
welche Lösung, welcher Neuanfang dadurch realisiert wird, folgt dem
Aufbau einer klassischen dramatischen Geschichte (Abbildung 4).

Andere Interventionen und Maßnahmen wie Strategie, Projektmanagement, Schulungen oder Informationsveranstaltungen sind bestenfalls

---

[36] Vergleiche STEVE DENNING (2001): The Springboard – How Storytelling Ignites Action
in Knowledge-Era Organizations, und ders. (2004): Squirrel Inc. – A Fable of Leadership through Storytelling.

wirkungslos, wenn sie nicht zu dem in der Veränderungsgeschichte vermittelten Sinn passen. „Schlechte" Geschichten, die von den Beteiligten als unvollständig oder unglaubwürdig erlebt werden, bewirken Irritation, Verärgerung, Rückzug, Ausstieg. – Manchmal gelingt es Veränderungsprojekte, deren Sinn nicht klar ist, mit einem gut strukturierten Projektmanagement zusammenzuhalten. – Jeder, der in einem größeren Unternehmen arbeitet, hat wahrscheinlich schon erlebt, wie man versucht, solche Totgeburten über die Zeit zu retten, um sie dann still zu begraben.

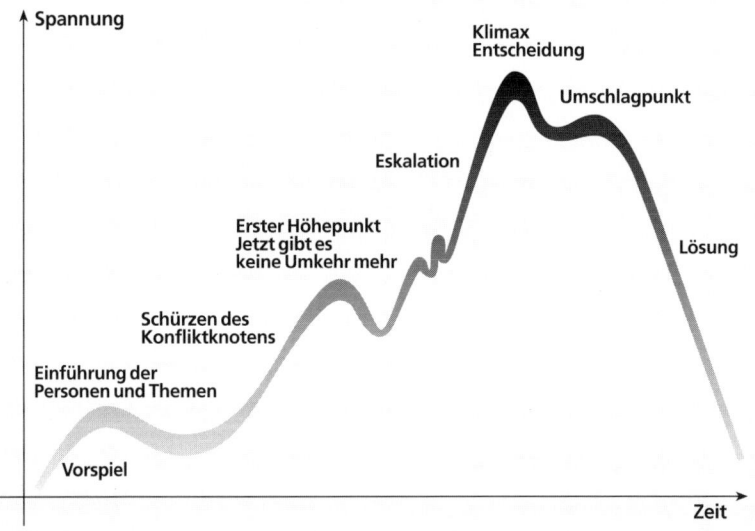

Klassischer Spannungsbogen einer dramatischen Geschichte

Abbildung 4: Klassischer Spannungsbogen

Auch wenn Sie die Geschichte Ihrer Veränderung oder des Veränderungsvorhabens nicht wörtlich als Geschichte erzählen, entstehen wahrscheinlich sehr unterschiedliche Geschichten, mit denen die Beteiligten ihre Erlebnisse zu einem Sinn verbinden. Sie können die Geschichtenbildung dem „Zufall" überlassen. Damit verschenken Sie eine Chance für wirksame Führung, den Sinnzusammenhang der Veränderung aktiv zu gestalten.[37] Alle bedeutenden Führungskräfte, die ich kenne, ob aus Unternehmen oder aus der Politik, haben diese Chance genutzt und nutzen sie weiterhin. Martin Luther King („Ich habe einen Traum") oder Winston Churchill („Blut, Schweiß und Tränen") sind bekannte Beispiele dafür. Die Geschichten von Lou Gerstner (IBM: von der Maschinenproduktion zur Informationsdienstleistung) und Jack Welch (General Electric: durch permanente Entwicklung zur Marktführerschaft) zum Umbau ihrer Konzerne sind Legende.

Sprechen Sie offen über die Dinge, die nicht funktionieren, aber stellen Sie sie nicht in den Mittelpunkt.

Geschichten formulieren den konkreten Erlebniszusammenhang. Sie sind die Grundlage von Sinngestaltung und Sinnfindung. Das bedeutet auch eine Gefahr: Da Geschichten im Unternehmen sowieso erzählt werden, werden gerne auch Geschichten weitererzählt, welche das Veränderungsvorhaben lächerlich oder schlecht machen. Dysfunktionale negative Geschichten, Geschichten über Fehler, Schwierigkeiten, Absurditäten, verbreiten sich zehnmal schneller als Geschichten mit einem positiven Sinngehalt. Glaubwürdigkeit und Ernsthaftigkeit stehen daher an erster Stelle. Geschichten über Fehler und Schwierigkeiten müssen als offizielle Geschichten der Organisation erzählt werden. Nur dann bleiben sie innerhalb der Rahmenerzählung der positiven Veränderung. Sprechen Sie offen über die Dinge, die nicht funktionieren, aber stellen Sie sie nicht in den Mittelpunkt.

Führungskräfte sind für ihre Mitarbeiter „lebende Geschichten". Damit werden heute teilweise abgelegte und abgelehnte Interventionen wie „Vorbild sein" und „Veränderung selbst vorleben" rehabilitiert und bekommen eine neue Bedeutung. Führungskräfte, denen es gelingt, Veränderung zu verkörpern, ihr Handeln, Fühlen und Denken in stimmiger Weise für ihre Mitarbeiter zu repräsentieren, sind lebende Zeichen der

---

[37] Analytische Prozessmodelle von Veränderung mit Phasen oder Schritten werden aus dem Zielzustand abgeleitet und sind natürlich weiterhin nützlich. Bestenfalls wird das darin reflektierte Erfahrungswissen (auf hohem Niveau strukturiert zum Beispiel bei der Einführung neuer Prozess-Software) in die Gestaltung der Geschichte integriert.

Zukunft. Sie stellen Handlungsmuster, Lösungen und Bedeutungen heute zur Verfügung, die das Unternehmen morgen realisiert.

 Wählen Sie ein Veränderungsprojekt aus, das Sie gerade erleben oder erlebt haben. Erzählen Sie seine Geschichten auf zwei Arten, möglichst in nicht mehr als zehn Sätzen:

– *Die Veränderung war ein Erfolg:* Was denken, fühlen und tun die beteiligten Personen? In welche Entscheidungssituation oder Krise kommen sie?
– *Die Veränderungsziele wurden nicht erreicht:* Alle Anstrengungen haben keine wirkliche Verbesserung der Situation gebracht. Welches ist oder war die entscheidende Situation, in der klar wird, dass es nicht funktioniert? Wie wird die Geschichte von hier aus erzählt?

Die negative Geschichte wird weitaus häufiger weitererzählt als die positive. Was könnten Sie praktisch tun, damit auch die negative Geschichte vielleicht zum Schluss noch eine positive Wendung nimmt, einen „positiven Spin" bekommt? Welche Möglichkeit gibt es in der Praxis, die negative Geschichte vielleicht doch noch positiv zu rahmen?

> In dem Moment, in dem die Raupe dachte,
> die Welt geht unter, wurde sie zum Schmetterling.
> Nach Laotse

Metapher führt

Metaphern sind wie Überschriften für die individuellen und gemeinsamen Erlebnisse, die Menschen in bestimmten Veränderungsprozessen haben. Metaphern sind die „Abkürzungen" für die Veränderungsgeschichten, welche die Menschen erleben, sie fassen in dieser Weise prägnant zusammen, um was es bei der Veränderung geht. Und die Überschrift kann sich natürlich auch wieder ändern, während die Geschichte erlebt wird. Es macht den entscheidenden Unterschied, ob der Zusammenschluss zweier Unternehmen „Liebesheirat", „Eroberung", „Sieg" oder „Bildung einer neuen Mannschaft" als Überschrift hat.

Eine Metapher als ein zusammenfassendes Bild oder Symbol für die Veränderung entsteht auf jeden Fall im Erleben, bewusst oder unbewusst.
Dabei macht es einen Unterschied, ob und welche Metapher Sie als
Führungskraft den Beteiligten zur Verfügung stellen, um sich eine Vorstellung dieser Veränderung zu machen. Das in der gewählten Metapher
beschriebene Handlungsmuster orientiert das Handeln der sich verändernden Personen. – Laotses Bild vom Schmetterling hat eine völlig andere Wirkung als beispielsweise die Vorstellung vom „Überlebens-
kampf", wie ich sie immer noch über sechzig Jahre nach Kriegsende in
deutschen Unternehmen höre.

Erst mal ein Lob auf Metaphern überhaupt. Denn wie sollten wir über
Veränderung sprechen und uns austauschen, wenn wir keine Metapher,
kein Bild oder auch Symbol dafür hätten. Klar, unsere Sprache ermöglicht, über Unterschiede zu sprechen: es gibt eine Ausgangssituation A
und eine Zielsituation B, die wir verwirklichen wollen. Wir können darüber sprechen, was und dass etwas anders wird, und was der Unterschied
ist. In der Physik sprechen wir über Kräfte, die Veränderung bewirken.
In der Chemie erklären wir Veränderungen als chemische Reaktionen
und Umwandlungsprozesse. In der Biologie spricht man von Wachstums-
und Reifungsprozessen oder von Lebenszyklen.

Anders bei Veränderungen in sozialen Organisationen. Hier haben wir
keinen Begriff davon, wie sie eigentlich geschehen. Wir gebrauchen unterschiedliche Bilder, eben Metaphern, mit denen wir uns vorstellen, wie
etwas anders wird. Wir nutzen diese Bilder aus der Physik oder der Biologie, wie zum Beispiel „Veränderungsdruck" oder „Lebenszyklus", um
uns gegenseitig zu erklären, wie wir uns Veränderung vorstellen.

Tatsächlich geben Erfahrungsberichte gute Anhaltspunkte[38], dass Veränderungen in Unternehmen besonders gut dort funktionieren, wo die

---

[38] Zum Beispiel LOUISE MOSER ILLES, J. B. RICHIE (1999): Change Metaphor. Wichtige
     Artikel sind TILHAMÉR VON GHYCZY (2003): The Fruitful Flaws of Strategy Metaphors,
     und DAVE SNOWDEN (2003): Sense Making in a Complex and Complicated World. –
     Leider ist der Gebrauch von Metaphern bisher nur wenig erfahrungswissenschaftlich er-
     forscht. Wenn ich Ihnen die Konstruktion und den bewussten Gebrauch von Metaphern
     im Sinne eines State of the Art empfehle, beziehe ich mich auf die Praxis: Ich kenne kein
     einziges Veränderungsprojekt, dass nicht durch eine oder wenige Leitmetaphern geprägt
     ist. Wenn diese nicht aktiv geführt werden, entstehen sie von selbst.

Beteiligten eine gemeinsame Metapher oder eine gemeinsame Vorstellung gefunden haben. Solange die Beteiligten unterschiedliche Vorstellungen haben, reden sie leichter aneinander vorbei. Die Metapher als „übertragene Bedeutung" fungiert als ein gemeinsames Muster dafür, wie die Veränderung erlebt wird und was zu tun ist, damit sie ein Erfolg wird.

Die sorgfältige Wahl der Metapher ist daher eine wirksame Führungsintervention, wenn es darum geht „den roten Faden" einer Veränderung deutlich zu machen oder ihn allererst zu finden. Umgekehrt begrenzt die gewählte Metapher auch die Möglichkeit der Vorstellungen, die sich die Beteiligten machen können. Gravierende Missverständnisse ereignen sich bei unterschiedlichen Vorstellungen. Wenn die eine Person Veränderung als „Überwindung von Widerstand durch Erhöhung des Drucks" versteht, während für die andere Person eher die organische Vorstellung von Phasen als Orientierung dient, ist damit Grundsatzstreit programmiert (der natürlich in Wirklichkeit überhaupt nicht so grundsätzlich ist). Als „Organiker" reagiere ich auf „Druck" äußerst sensibel. Vielleicht werde ich die geforderte Verhaltensänderung pro forma versuchen darzustellen. In Wirklichkeit bin ich verärgert und suche nach Alternativen zu meiner Arbeitsstelle bis hin zur inneren Kündigung. – Auch umgekehrt wird die Sache nicht besser. Als „Überwinder von Widerständen" kann ich solche „organischen" Interventionen, die das Verständnis für die Veränderung zu wecken versuchen, kaum mehr als belächeln. Ich werde meinem Chef schon noch beweisen, dass es da handfestere Maßnahmen braucht.

Als versierte Veränderungsmanagerin[39] werden Sie vielleicht an dieser Stelle einwenden, dass Metaphern ihrerseits in einem kulturellen Kontext stehen. Metaphern formulieren die Handlungsregeln für den Umgang mit Veränderungen. Und diese Handlungsregeln hängen selbst wieder vom kulturellen Entwicklungsstand der Organisation ab:

– In Produktionsunternehmen, die es vor allem mit physischen Produkten und den entsprechenden Energieprozessen zu tun haben, braucht man über „Widerstand und Druck" nicht lange zu diskutieren. Jeder versteht das.

---

[39] Wenn Sie Ihre Mitarbeiter in die Arbeit mit Metaphern einführen wollen, empfehle ich das Buch von VERA F. BIRKENBIHL (2002): Storypower, Seite 22 ff.

- In Dienstleistungs- und sozialen Unternehmen, die Leistungen für die unmittelbaren Bedürfnisse von Kunden in bestimmten Lebenssituationen erbringen, ist die organische Metapher von Phasen und Lebenszyklen unmittelbar verständlich.
- In Wissensunternehmen, deren Leistung es nach ihrem eigenen Selbstverständnis ist, Wissen zu vermehren und zu erweitern, wird gerne die Metapher des „organisatorischen Lernens"[40] gebraucht, um die eigene Vorstellung von Veränderung der Organisation zu erklären.[41]

Insofern hat eine Führungskraft, die darauf achtet, welche Metaphern für Veränderung gebraucht werden, ein wirksames Werkzeug in der Hand, die Art der Veränderung zu beeinflussen und zu steuern.

Oft ist die vorherrschende Metapher in den Köpfen der Vorgesetzten die Vorstellung von Druck und Widerstand. Das war in einem Unternehmen der Fall, das die Trennung von Innendienst und Außendienst zugunsten von „Kundenteams" aufgeben wollte: Auch nach der Organisationsänderung blieb die Verteilung der Rollen wie zuvor. Termine beim Kunden wurden nach wie vor nur von den früheren Außendienstlern wahrgenommen. Das Leistungsniveau sank, weil Kunden jetzt einfach länger warten mussten, bis ein „Außendienstler" für sie Zeit hatte. „Wir müssen den Leuten mehr Druck machen!" sagten Mitglieder der Geschäftsleitung. - Die Sache änderte sich, als wir schon beim ersten Beratungsgespräch („Havarieberatung") herausfanden, dass die anstehende Veränderung wahrscheinlich nur eine von vielen war im Bemühen, Kunden qualitativ möglichst gute Leistungen möglichst kostengünstig zur Verfügung zu stellen. Das Wissen darum, das Knowhow, wie diese Leistungsprozesse organisiert werden können, wurde als der entscheidende Wettbewerbsvorteil angesehen.

---

[40] Warum bezeichne ich hier „organisatorisches Lernen" als Metapher? – Normalerweise verstehen wir „Lernen" im Zusammenhang mit individuellen Subjekten als einen geistigen Vorgang. Die Verwendung im Zusammenhang mit Organisationen ist eine Übertragung, jedenfalls solange ich der Meinung bin, dass eine Organisation kein individuelles Subjekt ist. Und dieser Meinung bin ich ganz entschieden: Weder Nationen, noch Völker, Staaten oder gar Unternehmen sind Handlungssubjekte. Gemeinsame Entscheidungen sind jedem Einzelnen zurechenbar und nicht einem Kollektiv. Handlungsfähig und damit zurechenbar sind Handlungen nur Individuen, auch wenn es im Rechtsbereich durchaus Sinn macht, von Organisationen als „juristischen Subjekten" zu sprechen.

[41] Aus dieser Sicht ist es nicht ganz zufällig, das Ausdrücke wie „lernendes Unternehmen" oder „lernende Organisation" im universitären Umfeld entwickelt worden sind.

Die Führungsverantwortlichen einigten sich darauf, von jetzt an bei allen Kommunikationsanlässen die Metapher vom „Lernen" zu gebrauchen. Warum die Veränderung? – „Weil wir lernen wollen, unsere Kunden besser und kostengünstiger zu bedienen." Die Lernmetapher stellt die Neustrukturierung der Teams in einen Gesamtzusammenhang, der weitere „Lernschritte" in Aussicht stellt. „Lernen" als Vorstellung darüber, wie diese Veränderung funktioniert, ist seither so etwas wie der rote Faden, an dem Mitarbeiter und Vorgesetzte ihre Handlungen und Erfahrungen ausrichten.[42]

Metaphern der Systemtheorie[43]

Viele Begriffe der Theorie sozialer Systeme und ihrer Veränderung stützen sich auf Beobachtungen der Thermodynamik, „Stabilität" und „Instabilität", „Gleichgewicht", „Balance", „Prozessmuster". Die Vorstellung der „Selbstorganisation" entspricht Beobachtungen der Biologie über die Organisation des Lebens.

Diese Metaphern sind im Gebrauch schon fast selbstverständlich und erweisen sich im Zusammenhang als äußerst fruchtbar, um zu beobachten und zu verstehen, wie Menschen in sozialen Organisationen ihr Zusammenleben und Zusammenhandeln organisieren.

Auch für die Praxis, Veränderungen zu führen, sind sie nützlich und hilfreich. Wenn soziale Systeme sich selbst organisieren, beschränkt das meine Vorstellung davon, direkt eingreifen zu können. Das ist gute Führungspraxis, eher darauf zu schauen, Rahmenbedingungen zu gestalten und Räume zu öffnen, als direkte Anweisungen zu geben. – Und Metaphern bleiben Metaphern, so dass ich in bestimmten Fällen weiter darauf vertraue, dass direkte Anweisungen umgesetzt werden die Idee des Gleichgewichts für mein Unternehmen nicht unbedingt eine Wunschvorstellung ist.

---

[42] Aktuelles Beispiel im Jahr 2005 ist der Versuch der Deutschen Fußball Nationalmannschaft wieder an die Weltspitze anzuschließen. In fast jedem Interview spricht ihr Coach Jürgen Klinsmann darüber, was die Mannschaft noch „lernen" muss, und dass sie in einem „Lernprozess" begriffen ist. Wie gut diese Metapher gewählt ist, um ein gemeinsames Verständnis der Veränderung zu charakterisieren, werden wir im Jahr 2006 zur Weltmeisterschaft erleben.
[43] Diesen kleinen Abschnitt habe ich eingefügt für meine Kollegen und manche zu sehr begeisterte Kunden. Systemtheorie ist keine Religion.

Metaphern haben eine wichtige Eigenschaft: Sie stimmen und irgendwie oder irgendwann stimmen sie auch nicht. Ein philosophischer Studienfreund von mir nennt sie „kalkulierten Unsinn"[44]. Wer eine Metapher braucht, hat schon auf seiner Rechnung, bestimmte Anteile der Bedeutung auszublenden, für welche die Metapher eben nicht „trägt", für die sie unsinnig ist.

Wer Veränderung in Kursen unterrichten will, merkt relativ schnell, dass das Leben nicht allein als „Lernprozess" funktioniert. Auch klar ist, dass aus der Tatsache, dass wir heute etwas anders machen als früher, nicht unbedingt geschlossen werden kann, dass wir auch etwas gelernt haben. Das Neue einer Veränderung entsteht oft eher spontan und lässt sich eher mit einem kreativen Prozess vergleichen, als dass es in systematischen Lernschritten planbar ist.

Die *Metapher der „organischen Entwicklung" oder der „Lebenszyklen"* hilft, Phasen der Veränderung in ihrer Folge zu beobachten und zuzuordnen: Pionier- oder Gründerphase des Unternehmens, Wachstumsphase, Reifephase, Phase des Niedergangs.[45] Sie ist vor allem nützlich, die besonderen Risiken und Herausforderungen jeder Phase zu verstehen und zu steuern. Ganz und gar nicht funktioniert aber die Metapher, wenn wir glauben, die Aufeinanderfolge von Phasen wäre zwangsläufig. Oft folgt schon kurz nach der Gründung oder zum Beispiel auch als Konsequenz eines vielleicht zu schnellen Wachstums der Absturz.

Die *Metapher von „Druck und Widerstand"*, die Veränderung als ein Zusammenspiel teilweiser gegenstrebiger Kräfte versteht, beobachtet die widerstreitenden Emotionen, die Veränderung bei uns auslöst. Natürlich kennen wir das Gefühl der Angst oder auch nur eines gewissen Zurückschreckens, während wir uns vielleicht gerade durchringen, eine bestimmte Veränderung in Angriff zu nehmen. Insbesondere wenn ich zu recht befürchte, dass die Veränderung eine Verschlechterung meiner Arbeitsbedingungen bringt, werde ich nicht freudig mein Einverständnis erklären. Und tatsächlich hilft auch „Druck" als Aufzeigen möglicher negativer Konsequenzen, um Veränderung voran zu bringen: Die ungünstige Alternative wird der noch ungünstigeren in der Regel vorgezo-

---

[44] CHRISTIAN STRUB (1991): Kalkulierte Absurditäten.
[45] Vergleiche ICHAK ADIZES (1999): Managing Corporate Lifecycles.

gen. Negative Gefühle, die womöglich unbewusst das Handeln leiten, können jedoch nicht als „Widerstand" „überwunden" werden. Hier ist die Grenze der Metapher. Wir verändern unser Gefühl in Bezug auf eine bestimmte Sache, Freude oder Furcht, auf Grund von neuen Anreizen, von neuen Erfahrungen und vielleicht von Einsicht.

Eine Metapher zu gebrauchen bezeichnet so etwas wie einen Standpunkt und Blickwinkel, aus dem ich die Wirklichkeit beobachte oder auch allererst hervorbringe. Bestimmte Metaphern für soziale Veränderungen werden im Zusammenhang gebraucht. Sie bilden zusammen eine Theorie. Die Leistungsfähigkeit einer Theorie können Sie danach beurteilen, inwiefern sie dazu taugt, ein umfassendes Verständnis zu ermöglichen, vor allem, inwiefern ihre Anwendung in der Praxis die gewünschten Ergebnisse hervorbringt. Schauen Sie selbst!

Wahrscheinlich sind in Ihrem Unternehmen noch weitere Metaphern und Bilder für Veränderung im Umlauf: Veränderung als Reise oder Weg, Veränderung als geistig-logische Entwicklung, Veränderung als Problemlösungsprozess oder als Wechsel eines Prozessmusters. Die Beispiele, die ich oben etwas näher beschrieben habe, kommen nach meiner Erfahrung häufig vor. Sie sind auch besonders wirksam, um bestimmte Aspekte von Veränderungen, wie negative Gefühle, die Abfolge verschiedener Veränderungsschritte und die Ermöglichung von Lernen, erfolgreich zu steuern.

Als Führungsintervention bewährt sich die Verwendung möglichst konkreter Metaphern.

Sie haben zwar eine geringere theoretische Reichweite, bieten aber eine bessere Orientierung, da sie an die Alltagserfahrung angebunden sind. Benutzen Sie lieber weniger Begriffe aus einem theoretischen Zusammenhang der Mechanik oder Lerntheorie, sondern eher lebensweltliche Vorstellungen: „Reise", „Weg", „Wachsen und Reifen", „Umbau" ...

Metapher führt. Sie bildet den Übergang zum zweiten Kapitel. Sie steht am Anfang einer Veränderung, wenn die Beteiligten sich eine erste Vorstellung darüber machen, um was es bei der Veränderung geht und was die Veränderung für sie bedeutet. Sie steht oft auch am Ende als ein abschließendes Urteil darüber, was die Veränderung war, „eine Traumhochzeit", „eine Beerdigung", „eine Schlankheitskur" oder „ein Fasten zum Tode".

Die anstehende Veränderung kommt mir vor wie „eine Aufholjagd", „ein Feuerwerk", „eine Achterbahnfahrt", „eine Konzertaufführung" ...

Erfinden Sie mehrere Metaphern für Ihr anstehendes Veränderungsvorhaben. Für welche Vorstellungen stehen sie? Welche Vorstellungen schließen sie aus? Welche Vor- und Nachteile ergeben sich daraus? Welche Metapher würden Sie auswählen, die Ihre Ziele und das von Ihnen ins Auge gefasste Vorgehen am besten charakterisieren?

Zusammenfassung der Grundsätze

– Ich habe die (Mit-) Verantwortung für das, was passiert, und für das, was nicht passiert.

– Veränderung fängt bei mir selbst an.

– Treiber von Veränderung sind das, was wir wollen.

– Menschen können sich nur selbst verändern (auch wenn es manchmal nicht den Anschein hat).

– Wertschätzung ist Bedingung und Voraussetzung dafür, dass Menschen sich verändern können.

– Veränderungen in Organisationen bedeuten, dass sich auch die beteiligten Menschen ändern.

– Veränderung führen heißt, den Beteiligten Impulse und Möglichkeit zu geben, sich selbst zu verändern.

– Erfolgreiche Veränderungsprozesse brauchen Führung als Leadership, das ist die Fähigkeit, Perspektiven zu öffnen und Resultate zu erreichen.

- Veränderung muss auf drei Ebenen geführt werden: (1) nach operationalisierbaren und messbaren Zielen, (2) auf der Ebene der sozialen Rollen, der Denk- und Handlungsmuster und (3) auf der Ebene des konkreten Erlebens und der Sinnproduktion der Organisation.

- Der Sinn einer Veränderung, die für die Beteiligten (existentielle) Bedeutung haben soll, muss eine Befreiung enthalten.

- Jede Veränderung durchläuft drei psychologische Phasen: (1) Abschied, (2) Verwirrung, (3) Neuanfang.

- Veränderungen werden als Geschichten erlebt und können wirksam als Geschichten geführt werden.

- Dabei entsteht eine Leitmetapher als eine Art Überschrift und Zusammenfassung, die prägnant und einprägsam die Kernbotschaft bündelt.

 Auch wenn Sie gerade keine unmittelbare Verantwortung in einem Veränderungsprojekt in Ihrem Unternehmen haben, sind Sie wahrscheinlich dennoch in und an mehreren Veränderungsprozessen beteiligt.

1. Benennen Sie drei.
2. Bewerten Sie, in welchem Maß diese im Moment die oben genannten Grundsätze erfüllen:
   (5) vollkommen
   (4) sehr
   (3) in etwa
   (2) weniger
   (1) gar nicht
3. Was können Sie jetzt unmittelbar tun, um die Kunst des Veränderns zu üben und Ihre Veränderungsvorhaben voranzubringen?
4. Erstellen Sie für jedes Vorhaben eine Liste von drei Maßnahmen.
5. Sprechen Sie mit einer Person darüber, die Ihnen vielleicht noch den einen oder anderen Rat dazu geben kann.

2 Der Weg ins Gelobte Land

Alles wandelt sich; nichts geht unter.
Ovid, Metamorphosen 15, 165

Form und Inhalt der Geschichte

Die Form einer Veränderungsgeschichte ist die des klassischen Dramas: Es gibt eine bestimmte Anzahl von beteiligten Personen oder Personengruppen. Es gibt ein Thema, ein Problem, das konflikthaft und spannungsgeladen ist. Die handelnden Personen („dramatis personae") wollen das Thema oder den Konflikt, erst mal jede für sich, zu einer Lösung bringen.

Anders aber als im klassischen Drama, das oft tragisch endet, wollen wir im wirklichen Leben eine Lösung als ein gutes Ende. Die fünf Akte des klassischen Dramas gliedern unser Erleben und Gestalten von organisatorischen Veränderungen als Geschichten, die gut ausgehen sollen. Zugleich verbinden sie die drei individualpsychologischen Phasen der Veränderung mit den konkreten Handlungsmöglichkeiten zur Führung des Veränderungsprozesses in Organisationen: Abschied, Phase der Verwirrung und Neubeginn werden von den Einzelpersonen erlebt, während sie tatsächlich gemeinsam etwas Neues schaffen. Dazu sind im Handlungszusammenhang einer Organisation fünf Akte als bestimmte aufeinander folgende Handlungssequenzen notwendig.[46]

Das wirkliche Leben hält sich natürlich nicht unbedingt an Regeln und Rezepte. Vieles läuft nebeneinander; manchmal gibt es Unterbrechungen; ein Akt wird zunächst abgekürzt oder übersprungen, um später noch einmal aufgenommen zu werden. Dennoch sind die fünf Akte mit ihren besonderen Inhalten, (1) Einführung von Personen und Themen, (2) Abschied vom alten Zustand und Aufbau der Spannung, (3) Entscheidung,

---

[46] Andere Darstellungen beschränken sich auf drei Akte: Abschied, Krise und Entscheidung, Neubeginn. Und das ist auch wirklich die Form, wenn es um die Veränderung und Verwandlung einer individuellen Person geht. Wo mehrere Personen zu einem gemeinsamen Zweck zusammen handeln, braucht es fünf Akte. Organisatorische Veränderungen haben viele Helden. Die eigentliche Krise stellt sich erst nach der Führungsentscheidung ein. Dem Dreiakter geht für organisatorische Veränderungen zu früh die Luft aus: Der Sieg wird verkündet, wenn ich mich selbst verändert habe. Die Anstrengung wird zurückgefahren und das Projekt versandet. Nach meiner Erfahrung ein typischer Führungsfehler.

(4) Krise(n) in der Phase der Verwirrung (5) Lösung und Neubeginn, die Normalform oder der „Plot" von Veränderungsprozessen in Organisationen, an denen mehrere Personen beteiligt sind. Sie entsprechen der grundlegenden Art, wie wir Menschen Veränderungen im Zusammenhang unseres Handelns erleben und erzählen.[47]

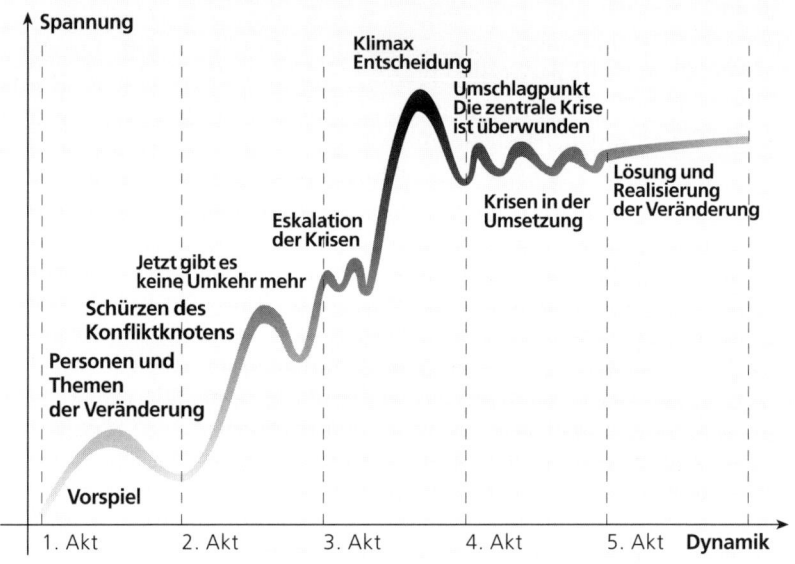

Abbildung 5: Organisationsveränderung als Geschichte in fünf Akten

Im Folgenden nutze ich diese Untergliederung für die Darstellung aus meiner Sicht wichtiger Erfahrungen und Hinweise für erfolgreiche Veränderung in Unternehmen. Für die Planung Ihrer Interventionen und Führung Ihres Veränderungsvorhabens können Sie so eine Einschätzung bekommen, welcher „dramatische Zeitpunkt" erreicht ist[48], wann eine

---

[47] Dieses Grundmuster findet sich in allen organisatorischen Veränderungen. Das wusste schon Aristoteles. In seiner Poetik beschreibt er genau diese fünf Phasen der „Nachahmung" von zusammenhängenden Handlungen. – Inhalte, Dynamik und konkrete Erfolgsbedingungen unterscheiden sich allerdings von Unternehmen zu Unternehmen und von Branche zu Branche nach ihren jeweiligen kulturellen Eigenarten.

[48] Damit mache ich einen Unterschied zu linearen Vorstellungen von Schritten und Phasen von Veränderungsprozessen. Die Rede von „Akten" als Handlungssequenzen enthält zusätzlich eine dramaturgische Vorstellung, die insbesondere auch inhaltlich festlegt, was zu einem bestimmten Akt gehört und was nicht. Vergleiche den weiteren Verlauf des Kapitels.

bestimmte Führungsintervention im Gesamtzusammenhang der ganzen
Veränderungsgeschichte wie wirksam ist.

Spannung und Dynamik sind die beiden Grundrichtungen von Veränderungsinterventionen.

Die Erhöhung oder Absenkung von Spannung und Dynamik sind die beiden Grundrichtungen von Veränderungsinterventionen. Spannung führt
das subjektive Erleben an seiner Leistungsgrenze: Zu viel Spannung und
das Erleben wird ausgeblendet. Zu wenig Spannung und es entsteht Langeweile. Dynamik ist die Geschwindigkeit der Aufeinanderfolge der
Handlungen in der Zeit. Zu hohe Dynamik und die Erlebnisse können
nicht mehr integriert werden. Zu niedrige Dynamik und die Konzentration der Beteiligten lässt nach.

Führungsinterventionen mit ihren jeweils besonderen Zielsetzungen lassen sich aus dramaturgischer Sicht in zwei Arten unterteilen:

1. *Führungsinterventionen, welche die Spannung erhöhen:* Es wird kom-
   muniziert, wie schwierig die Situation tatsächlich ist. Probleme werden öffentlich gemacht, zusammen mit der Entschlossenheit, sie zu
   überwinden. Veränderungsziele werden bewusst anspruchsvoll gesetzt. Hindernisse und Gegner werden deutlich benannt. Krisen werden vielleicht eher etwas übertrieben, werden als Krisen inszeniert, damit den Beteiligten deutlich wird: es geht um was.
2. *Führungsinterventionen, welche die Veränderung beschleunigen und
   dynamisieren:* Enge Zeitraster, detaillierte Maßnahmenpläne. Dazu
   gehören auch Veranstaltungen mit möglichst vielen Beteiligten oder
   Gruppen, die in kurzer Zeit ein hohes Maß an Kommunikation ermöglichen.

Natürlich können Sie auch Spannung rausnehmen und Dynamik zurück-
nehmen, wenn die Veränderung zu viel Aufmerksamkeit auf sich zieht
oder zu schnell vonstatten geht. Sie können mäßigen und entschleunigen,
wenn das Alte doch noch eigentlich ganz gut funktioniert, Verände-
rungsimpulse von außen ausbleiben.

Als das klassische Muster einer organisatorischen Veränderungsgeschichte verwende ich den „Weg ins Gelobte Land". Die Geschichte von

Moses und der Befreiung des Volkes Israel aus Ägypten im Alten Testament ist der rote Faden der Darstellung. Sie ist eine Schlüsselgeschichte für den westlichen Kulturkreis und auch den Islam. Bedeutende Veränderer der Menschheitsgeschichte wie Oliver Cromwell, Lenin oder Benjamin Franklin haben sich auf diese Geschichte berufen. Zumindest in der abendländischen Kultur ist sie ein Bezugspunkt wichtiger gesellschaftlicher, technischer und ökonomischer Veränderungen.[49]

Schon vor über 2500 Jahren wurden hier die wichtigsten Abschnitte und Führungsinterventionen eines erfolgreichen Veränderungsprozesses beschrieben. (1) Moses überzeugte die Israeliten, die Sklaverei des ägyptischen Pharaos zu verlassen. (2) Durch die Errettung von den ägyptischen Verfolgern wird klar, dass der wirkliche Gegner der Freiheit nicht Ägypten ist, sondern Israel selbst. (3) Die Entscheidung für die neue Ordnung wird endgültig am Berg Sinai mit der Verkündigung der Zehn Gebote als das Zeichen für den Neuanfang. (4) Doch noch sind viele Krisen und Entbehrungen notwendig, bis alle Beteiligten bereit sind, an einem Strang zu ziehen und (5) schließlich nach mehr als einem Menschenalter das Gelobte Land erreicht werden kann.

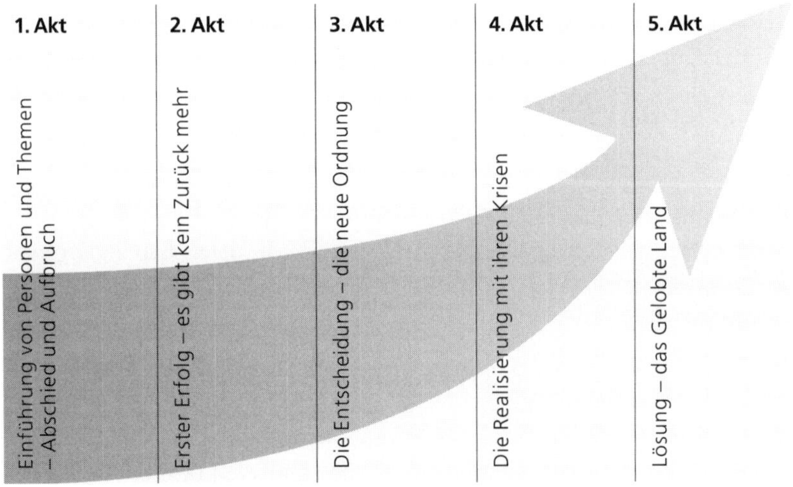

1. Akt	2. Akt	3. Akt	4. Akt	5. Akt

Einführung von Personen und Themen – Abschied und Aufbruch

Erster Erfolg – es gibt kein Zurück mehr

Die Entscheidung – die neue Ordnung

Die Realisierung mit ihren Krisen

Lösung – das Gelobte Land

Abbildung 6: Fünf Akte eines erfolgreichen Veränderungsprozesses

[49] Vergleiche grundlegend dazu MICHAEL WALZER (1985): Exodus and Revolution. – Zeitgleich zu diesem vorliegenden Buch hat BERNHARD FISCHER-APPELT (2005: Die Moses Methode) bekannte Unternehmensführer untersucht, wie sie Veränderungen erfolgreich geführt haben. Er findet ein gemeinsames Handlungsmuster, das er mit der Führung der Israeliten durch Moses vergleicht.

Der Erfolg lässt sich allerdings nicht erzwingen. Bei jedem Hindernis und jeder Krise steht er erneut in Frage. Für Veränderungsführer heute ist es vielleicht ernüchternd zu erfahren, wie zäh und langwierig Veränderungen sein können. Die Bibel spricht von vierzig Jahren und will damit wohl sagen: Erfolgreiches Verändern ist das Bohren von dicken Brettern. Und das ist wahrscheinlich überall auf der Welt so.

Der Weg ins Gelobte Land – Die Geschichte vom Auszug aus Ägypten, dem Zug durch die Wüste und der Ankunft im Gelobten Land.

Das jüdische Volk war 430 Jahre zuvor wegen einer großen Hungersnot von ihrer Heimat nach Ägypten gezogen. Dort sind sie hochwillkommen, ihre handwerklichen Fertigkeiten und ihre Arbeitskraft sind geschätzt. Mit der Zeit füllen Juden allerdings auch wichtige Führungspositionen; sie sind nicht mehr zufrieden, nur Handlangerdienste zu leisten. Die Ägypter fürchten vor allem auch wegen der hohen Geburtenrate der Israeliten eine Überfremdung. Die Herrscher Ägyptens entschließen sich in dieser Situation, Juden nur noch einen Sklavenstatus zuzubilligen, und dadurch ihre Bedeutung einzuschränken. Sie werden enteignet und zur Sklavenarbeit gezwungen. Sogar das physische Fortdauern ist akut bedroht, da der Pharao alle männlichen Nachkommen töten lassen will.

Das ist die Stunde von Moses, der in sich die Berufung (von Gott) spürt, die Juden wieder in ihr Heimatland zurück zu führen. Die Ägypter weigern sich allerdings, Israel ziehen zu lassen. Sie profitieren von ihrer billigen Arbeitskraft. Ein Auszug würde schwere finanzielle Einbußen bedeuten. Viele öffentliche Dienste wie Müllentsorgung und Straßenbau könnten nicht mehr aufrecht erhalten werden.

Dann kommen furchtbare Naturkatastrophen, die sieben Plagen, welche die Herrschenden zur Einsicht bringen. Die Juden sammeln sich und ziehen über das Rote Meer in die Richtung ihres Herkunftslandes. Im letzten Moment aber überlegt es sich der Pharao und setzt ihnen mit einem Heer nach, um sie zur Umkehr zu zwingen. Ein großer Teil des Heeres ertrinkt bei dem Versuch, das Rote Meer zu durchqueren.

Nach diesem ersten Sieg beginnt eine harte Zeit für die Israeliten. Der Zug durch die Wüste droht immer wieder mit einem Desaster zu enden: fehlende Nahrungsmittel, kein Wasser, Überfälle von Räuberbanden, Aufruhr gegen die Führung. Sie lernen nur langsam und unter großen Opfern, sich selbst in Freiheit zu organisieren. Die Sklaverei hatte sie bequem gemacht. Ernährung, Verteidigung und vor allem das Zusammenleben unter schwierigen äußeren Bedingungen müssen geregelt werden. Am Berg Sinai kommt es zu der entscheidenden inneren Krise: Moses und die Vertreter einer neuen freiheitlichen Ordnung setzen sich in einem blutigen Kampf gegen die Anhänger des autoritären Baalskultes („Tanz um das goldene Kalb") durch. Die Einsetzung der Zehn Gebote der neuen Ordnung ist das bekannteste Ergebnis dieser Auseinandersetzungen.

Doch Israel als ganzes Volk ist noch nicht bereit, ein Leben in Freiheit zu führen. Immer wieder kommt es zu Verwirrungen und Abspaltungen. Weitere Krisen folgen, die das Motiv der Entscheidung für die neue soziale Ordnung der Freiheit und Eigenständigkeit wiederholen. Erst nach langjähriger Wanderung und Leben als Nomaden erreichen die Juden den Grenzfluss zum Gelobten Land. Und erst als Moses stirbt, können sie hinein. Dieses ist inzwischen natürlich von anderen Stämmen und Völkern besiedelt worden. Weitere Kämpfe und Kriege sind die Folge. Und doch gelingt es den Juden unter Mühen und durch die Erfahrung der Wüstenwanderung gestärkt, wieder ein eigenes funktionierendes Gemeinwesen aufzubauen.

Mach dir zwei silberne Trompeten!
Sie sollen das Zeichen zum Aufbruch geben.
Numeri 10,2

Erster Akt: Reisevorbereitungen und Aufbruch

Im ersten Akt werden die beteiligten Personen vorgestellt, was sie verbindet und was sie trennt. Führung ist in diesem Sinne eine Art Hauptrolle, ist Hauptrolle und Regie zugleich: Leadership. – Aber denken Sie daran, auch die anderen Personen spielen aus deren subjektiven Sicht immer die Hauptrolle in ihren Erlebnissen. Jede und jeder spielt die Hauptrolle seiner eigenen Geschichte. Gute „Regie" sorgt dafür, dass jeder Beteiligte (s)eine Bedeutung für die Veränderungsgeschichte hat und darin von den anderen Beteiligten auch wahrgenommen und wertgeschätzt wird.

Die Regel für erfolgreiche Veränderung heißt: Personen zuerst! – Personen werden zu Protagonisten der Veränderung.

Personen entwickeln Themen, Fragestellungen und Konflikte. Sie sind die Träger der Spannung. Die interessanteste Frage für jeden ist: Wie geht die Geschichte aus für mich? Nur was von den Personen getragen und gelebt wird, wird auch realisiert. – Wenn Sie mich fragen, wo ich die meisten Fehler in Veränderungsprozessen gemacht habe, dann hier: Es gibt keine realisierten Veränderungen ohne die Personen, die dafür Verantwortung übernehmen und diese auch leben. Das durchgängige Thema des ersten Aktes ist also die Personalisierung der Veränderung in den (später) führenden Personen: Personen werden zu Protagonisten (oder auch Antagonisten) der Veränderung.

Zugleich mit den Hauptpersonen wird das Thema, der Konflikt, die Frage, um die es geht, vorgestellt und exponiert: Wie kann es gelingen, dass Menschen, die fast ein halbes Jahrtausend gewohnt waren, in Gefangenschaft zu leben, Verantwortung für sich und ihre Geschichte übernehmen? Wie wollen sich diese verzagten Menschen ohne eigenes Selbstbewusstsein einreihen in die große Überlieferung des Volkes Gottes von Abraham, Isaak und Jakob?

Die Spannung wird aufgebaut durch die Personen und ihre Konflikte: Wie soll diese Geschichte bloß gut ausgehen? Wird Sie überhaupt gut ausgehen? Ist es nicht besser in Sklaverei zu überleben, als in einer vielleicht trügerischen Freiheit der Wüste zu sterben? Sollten wir nicht doch lieber das Alte bewahren, bevor wir uns auf Neues einlassen, dessen Risiken unabwägbar sind?

Im ersten Akt geht es vor allem darum, die Personen, insbesondere die Führungspersonen, mit ihren Geschichten einzuführen und in einen Zusammenhang mit der Veränderungsgeschichte zu bringen. – Veränderung zu führen heißt, die Veränderung zu Ihrem persönlichen Anliegen zu machen. Nur dann haben Sie genügend Überzeugungskraft für die anderen Beteiligten. Das Zeichen zum Aufbruch, das Sie geben, wenn alles bereit ist, verknüpft und synchronisiert die Erlebnishorizonte, die persönlichen Geschichten der beteiligten Personen. Die Veränderungsgeschichte wird zu einer gemeinsamen Geschichte.

Entdecken und finden Sie
Ihre persönliche Veränderungsgeschichte

Die Hauptperson sind erstmal Sie: Warum gerade ich? Warum gerade diese Veränderung? – Die Antworten beider Fragen müssen zueinander stimmen. Nur dann werden Sie auch andere davon überzeugen können.[50]

> Drei Geschichten müssen Veränderungsführer erzählen können: die Wer-bin-ich-Geschichte, die Wer-sind-wir-Geschichte und die Wohin-gehen-wir-Geschichte.

Das können Sie am besten zunächst für sich selbst überprüfen: Drei Geschichten müssen Veränderungsführer erzählen können:

1. Die erste ist die Wer-bin-ich-Geschichte der Führungsperson, ihre Werte, ihr Leben, ihre Glaubenssätze. Das können sehr persönliche Geschichten sein. Führungskräfte machen darin deutlich, welche Werte ihr Handeln leiten; gleichzeitig entsteht eine mitmenschliche Ebene, wenn Seiten gezeigt werden, die sonst nicht wahrnehmbar sind. Insbesondere Geschichten über persönliche Schwächen und Fehler schaffen ein Klima des Vertrauens.

2. Die nächste ist die Wer-sind-wir-Geschichte über die Identität der Organisation heute. Bevor Sie diese Geschichte erzählen, gibt es vielleicht keine Identität, oder es gibt eine Identität, die den Erfolg unterläuft und der Veränderung widersteht. „Traditionsunternehmen" oder: „Noch bevor unser Kunde das Problem sah, konnten wir schon eine Lösung anbieten. Gute Dienstleistung heißt für uns, dem Kunden immer einen Schritt voraus zu sein."

3. Die dritte Geschichte, die Wohin-gehen-wir-Geschichte, ist die Geschichte aller Hoffnungen und Träume, die Sie gemeinsam wahr werden lassen. „Wir gehen in das Land, in dem Milch und Honig fließen". Visionsgeschichten sind Geschichten, die emotional verbinden. – Die Vorstellung, in drei Jahren 200 Millionen Euro Umsatz zu machen, ist keine Vision. Eher: „Wir haben einen Marktanteil von 56 Prozent."

---

[50] Vergleiche zum Folgenden MICHAEL LOEBBERT (2003), Storymanagement, Seite 166 ff., NOEL TICHY (1999): The Mark of the Winner – Leading for High Performance.

Meine Vision ist: „Ich bin ein gefragter unternehmerischer Partner meiner Kunden." – „Unsere Kunden werden mit uns erfolgreich sein", ist das Ende einer Wohin-gehen-wir-Geschichte, die erzählt, wie es konkret gelingt, mit einem außergewöhnlichen Leistungsbeitrag den Erfolg eines Kunden voranzubringen. Denken Sie an eine Zeit in Ihrem Leben, als es Ihnen gelungen ist, durch andere Menschen etwas zu erreichen, was ohne Sie nicht erreicht worden wäre. Lassen Sie das Video Ihres Lebens ablaufen und nehmen Sie den stolzesten Moment, den Sie als Führungskraft hatten.

Autobiographie

Was sind die Ereignisse, die Sie in Ihrem Leben am meisten beeinflusst haben? Was ist Ihnen daran besonders wichtig geworden? Was hat das mit der jetzigen Situation zu tun? Erzählen Sie die Geschichte Ihres Lebens in zehn Sätzen:

- Sie sind also auf die Welt gekommen an einem bestimmten Ort, zu einem bestimmten historischen Datum, in ein bestimmtes soziales Umfeld. Wie war diese Situation aus heutiger Sicht?
- Welche Erfahrungen und Erlebnisse haben Sie besonders geprägt, sind Ihnen besonders wichtig geworden?
- Welche Schlussfolgerungen haben Sie bisher daraus gezogen?
- Wie hat sich das auf Ihre Entscheidungen und Ihr Handeln ausgewirkt?
- Welche für Ihr Leben zentralen Themen und Zwecke können Sie daraus beschreiben?

Autobiographische Erzählungen können verschiedene Zeiträume umfassen: Erzählen Sie, wie es war, als Sie vor zwei Jahren in diese Krise hineingekommen sind.

Schreiben Sie Erlebnisse und Erlebnisketten auf! – Nach vielleicht sechs Monaten beschreiben Sie noch einmal das gleiche Ereignis. Sie werden sich wundern!

In manchen Büchern zum Thema Change Management finden Sie den Vorschlag, mit dem Managementteam eine „Vision" zu erarbeiten und zu kommunizieren. In der deutschen Sprache ist der Begriff durchaus mehrdeutig. Einmal kann er „ein Bild der Zukunft" bedeuten, das andere Mal bedeutet Vision eher ein „Phantasiegebilde". Im angelsächsischen Sprachgebrauch aber ist „Vision" immer auch verbunden mit einer persönlichen Aufgabe, oder wenn Sie so wollen, einem Auftrag des Schicksals. Im Deutschen fehlt dieser spirituelle Aspekt. Vielleicht habe ich deshalb im deutschsprachigen Raum noch niemals von einer derart kraftvollen Unternehmensvision gehört, die die Beteiligten des Unternehmens wirklich zu einer Art „Schicksalsgemeinschaft"[51] zusammenschweißt. Ich gebrauche den Begriff „Vision" daher nur für den persönlichen Aspekt der Wohin-gehen-wir-Geschichte.

Fazit: Arbeiten Sie ernsthaft an Ihrer persönlichen Vision, bevor Sie die Veränderung starten. Versuchen Sie lieber keine gemeinsame Unternehmensvision; das wirkt hierzulande aufgesetzt und unglaubwürdig. Herausforderung für Führung ist aus dieser Sicht, jedem einzelnen Beteiligten seine eigene Vision der Veränderung zu ermöglichen. Und wenn Sie in einem internationalen und angelsächsisch dominierten Unternehmen Verantwortung haben, „übersetzen" Sie Vision im Sinne eines pragmatischen Handlungsrahmens.

Machen Sie ein erstes Grobkonzept

Bis zu diesem Zeitpunkt war alles eine Übung im Stillen. Sie hilft Ihnen, sich selbst die Notwendigkeit und Richtung der Veränderung klar zu machen. Die Veränderung fängt bei Ihnen an. Sie haben den groben Umriss Ihrer Veränderungsgeschichte gefunden: Sie haben eine Vorstellung der Gegenwart und eine Vorstellung der Zukunft, die Sie mitgestalten wollen. Es gibt ein Thema oder ein Problem, das Sie formulieren können.

In ersten Kommunikationsversuchen bekommen Sie eine Rückmeldung, inwiefern Ihre Geschichte überzeugt. Beim Erzählen nehmen Sie leichte Veränderungen vor, die dem Verständnis und der Überzeugung Ihrer

---

[51] Sie mögen meine Skepsis gerne „typisch deutsch" nennen. Dann antworte ich mit dem früheren deutschen Bundeskanzler Helmut Schmidt: „Wer Visionen hat, soll zum Arzt gehen." Auf der anderen Seite schätze ich das aus Amerika kommende Verständnis, das im Begriff der Vision Zukunft eng mit einem spirituellen Aspekt verbindet. Die Suche nach der Vision für das eigene Leben („vision quest") ist eine Antwort auf die Erfüllung des Auftrages Gottes. Und da schließt sich der Kreis zur Frage nach dem „Gelobten Land".

Zuhörer dienen. Das „Wir" in der „Wohin-gehen-wir-Geschichte" ist Ausdruck Ihrer Führungsleistung, sich vorzustellen, wie eine erfolgreiche Zukunft des Unternehmens aussieht. Es ist aber immer noch Ihre persönliche Geschichte.

Und Sie können jetzt einschätzen, welcher Art und welcher Größe die Veränderung sein muss: Was soll sich ändern? Was bleibt? Was sollten wir zurücklassen? Was sollten wir mitnehmen? Ein Projekt- und Ressourcenplan ist eine Vorausschau auf die ganze Geschichte, die Übersetzung Ihrer Geschichte in konkrete Aktionen.

- Suchen Sie nach Rückmeldung für Ihre Problemsicht. Was macht eine Veränderung notwendig oder lässt sie mindestens ratsam erscheinen? Fragen Sie Menschen in unterschiedlichen Rollen in Ihrem Unternehmen.
- Sammeln Sie Informationen bei denjenigen, von denen Sie vermuten, dass sie die direktesten Erfahrungen haben. Also bei Problemen mit Umsatzzahlen fragen Sie die Verkäufer und wenn Sie Probleme bei Ihren Produkten vermuten, fragen Sie Ihre Ingenieure.
- Wenn Sie genügend Informationen haben, bringen Sie eine erste Problemformulierung aufs Papier. Das ist nicht gleich der große Wurf oder die endgültige Fassung, sollte aber dabei helfen, vor dem Einstieg in ein größeres Projekt eine Idee davon zu bekommen, welche Informationen und Analysen es noch braucht, um die Fragestellung an ihrem Hebelpunkt zu fassen. Dazu gibt es viele Werkzeuge, die Sie nutzen können, aber vielleicht nicht unbedingt selbst beherrschen müssen.[52]
- Versuchen Sie eine Einschätzung über die Dringlichkeit zu bekommen. Was wäre wenn diese Veränderung nicht geschehen würde bis in einem Monat, bis in einem halben Jahr, bis in einem Jahr?
- Was wären wichtige Schritte? Wie können sich diese Schritte in den fünf Akten der Veränderungsgeschichte zusammenfügen?
- Welche Ressourcen müssten dafür aufgewendet werden? In welchem Verhältnis stehen die notwendigen Ressourcen zum erwarteten Veränderungserfolg?

---

[52] Zum Beispiel Wechselwirkungs- und Einflussanalyse, Papiercomputer, dynamische Szenarien. Viele Instrumente habe ich als How-to-Vorlagen zusammengestellt in meinen Tools und Texten für Veränderungsmanagement. Siehe im Anhang „Ausgewählte Internetseiten".

Storyboard

Das ist eine schöne Übung, um eine erste Vorstellung von der Dramaturgie des Veränderungsprozesses zu bekommen. Sie können sie für
sich allein oder auch mit Ihrem Führungsteam durchführen. Bei der Beratung von Veränderungen benutze ich sie fortlaufend zur Planung der
nächsten Handlungssequenzen.

Bespannen Sie eine Wand mit einem größeren Bogen Papier. Mit vier
vertikalen Strichen unterteilen Sie in die fünf Akte. Zur Erinnerung le-
ge ich gerne darunter eine Spannungskurve. Unterscheiden Sie für die
fünf Akte horizontal (a) wichtige Protagonisten (-Gruppen), (b) Inhalt
der Handlungen, des Konflikts oder der Krise, (c) Führungs- und Re-
gieanweisungen, (d) wichtige Szenen.

Am Anfang des Veränderungsprozesses werden Sie vieles noch un-
ausgefüllt lassen. Im weiteren Verlauf hilft das Storyboard, einen
Überblick zu behalten, oder auch Varianten zu finden, wenn die Veränderung zu stocken scheint.

Formulieren Sie Veränderungsziele im Kontext der Unternehmensstrategie

Veränderungsziele sind mit dem Zweck des Unternehmens, mit dem
Nutzen für seine Kunden verbunden. „Downsizing" ist kein Ziel von
Veränderung, jedenfalls kein unternehmerisches. Natürlich muss man
auf Marktschwankungen reagieren und die Kosten im Griff halten. Aber
das sind nur die Mittel, um weiter unternehmerisch handlungsfähig zu
bleiben. Die Fähigkeit der Flexibilität (englisch: „resilience") kann ein
Ziel sein. Effizienzverbesserung oder die Einführung schon erprobter
Neuerungen sollten keine Ziele von Veränderungen sein. Das ist ständige operative Managementaufgabe.

Veränderungsziele im Unternehmen machen einen Unterschied im
Wettbewerb: Nur was einen Unterschied im Wettbewerb macht, ist
auch ein überzeugendes Veränderungsziel.

Veränderungsziele, die keinen unternehmerischen Unterschied machen, sind auch nicht überzeugend. – Und wenn Sie wenig unternehmerisch formulierte Zielvorgaben bekommen, versuchen Sie doch, sie wenigstens für sich und Ihre Mitarbeiter zu reformulieren: Nicht Kostenreduktion, sondern wettbewerbsfähige Leistungsprozesse; nicht Zusammenführen von zwei Unternehmensteilen, sondern Bildung einer neuen unternehmerischen Einheit; nicht Einführung von Projektmanagement bei Forschung und Entwicklung, sondern Erhöhung des Innovationszyklus; nicht neue Aufgabenverteilung in der Verwaltung, sondern Erhöhung der Leistungsfähigkeit.

Viele Veränderungen in Unternehmen sind strategisch, auch wenn sie nicht so ausgewiesen werden. Das führt in Wirklichkeit dazu, dass viele Veränderungsvorhaben ihr strategisches Potential im Sinne von Wertbeiträgen nicht ausschöpfen. Aus der Idee der Leistungsverbesserung von Marketing und Verkauf wird bloße Einsparung von Kosten bei unklaren Wirkungen auf die Umsatzentwicklung. Aus der unternehmerischen Vorstellung, den eigenen Markt durch Zusammengehen mit einem anderen Unternehmen zu vergrößern, wird eine Rechnung zur Realisierung von Synergien[53]. Das mag im Einzelfall betriebswirtschaftlich begründbar sein, auch wenn der unternehmerische Impuls darin fehlt. Allerdings ist es unmöglich, damit Menschen in ihrem Erleben konkret anzusprechen und zu begeistern.

Gute Strategien sind (wie) gute Geschichten.

Sie haben einen positiven emotionalen „Spin", eine Bewegungsrichtung. Sie machen für die Beteiligten Sinn, so dass sie ihr Handeln damit aufeinander ausrichten und abstimmen können.

Prüfen Sie, ob und wie die Veränderung zum Zweck des Unternehmens passt

Die Identität eines Unternehmens wird in seiner Zweckerzählung (englisch: „core story") ausgedrückt. Sie erzählt, wofür es diese Organisati-

---

[53] Realisierung von Synergien bedeutet in der Regel auch Verzicht auf Innovationspotenzial durch Verzicht auf Unterschiedlichkeit (Diversität).

on überhaupt gibt, was ihren Bedeutungskern ausmacht.[54] Die Zweckerzählung Israels ist die Geschichte von Abraham, Isaak und Jakob. Die Juden sind das von Gott erwählte Volk. Der Zweck der Israeliten ist, dem einen Gott zu dienen und immer wieder aus Verirrung und Fremde in das Gelobte Land zurück zu kehren.

Das ist der Ausgangspunkt von Moses: Nicht dass die Juden die Ausbeutung und Unfreiheit in Ägypten unbedingt satt haben oder dass ihnen eine zünftige Rauferei über alles geht. Das würde eher zur Zweckgeschichte eines wohlbekannten gallischen Dorfs gehören. Es ist Auftrag und Verheißung Gottes, in das Gelobte Land zu ziehen. Dieser Bezug auf eine gemeinsame Identität ist der Sinnzusammenhang, welcher die Menschen in der Veränderung zusammenhält.

Ein Veränderungsvorhaben muss zur Zweckgeschichte des Unternehmens passen und diese weitererzählen können. Entweder (1) kontinuierlich als Weiterentwicklung oder (2) diskontinuierlich als Wechsel zu einer neuen Identität.

1. Kontinuierlicher Wandel
Veränderungen können den Zweck der Organisation variieren und weiter entwickeln, zum Beispiel als Fortsetzung, als nächstes Kapitel: Wir werden zum weltweiten Anbieter unserer Produkte. Wir tun das, was wir am besten können. Das sind eher kontinuierliche Veränderungen wie zum Beispiel die Einführung eines kontinuierlichen Verbesserungsprozesses (KVP) oder die Veränderung der Ablauforganisation innerhalb von IT-Projekten. Sie verändern den Zweck oder auch das Geschäft des Unternehmens weniger einschneidend. Der bisherige Zweck der Leistungserstellung wird um Aspekte der Effizienz, der Innovation, der Ausweitung des Vertriebs oder der Qualität erweitert. Die ursprüngliche Zwecksetzung wird nur leicht variiert. Allerdings funktioniert die Einführung von Qualitätsmanagement in sozialen Einrichtungen nicht, solange nicht der soziale Zweck mit thematisiert und geführt wird. Die Mit-

---

[54] Ausführlich dargestellt habe ich das in meinem Buch „Storymanagement" (2003) Seite 57-82. Hier verwende ich gleichbedeutend auch den soziologischen Fachbegriff „Basisgeschichte". Ein einfacher Test für die Frage nach der Zweckgeschichte, ist die Beantwortung der Frage: Was würde der Welt fehlen, wenn es Ihr Unternehmen nicht gäbe? Was würden Ihre Kunden, Mitbewerber und Mitarbeiter auf einen Grabstein schreiben, wenn Ihr Unternehmen plötzlich schließen müsste?

arbeiter verstehen nicht, wie das ihren Klienten zu Gute kommen soll und erleben Qualitätsmanagement bloß als eine höhere Form der Bevormundung und Kontrolle. Kulturelle Faktoren in die Führung von Wirtschaftsunternehmen einzuführen funktioniert nicht, solange keine Geschichte gefunden ist, wie die Führung kultureller Faktoren wirtschaftlichen Erfolg fördern kann. Solange bleibt das Thema Kultur für viele Führungskräfte wohlfeiles Gerede. Kontinuierliche Veränderungen sind mit weniger Aufwand zu bewerkstelligen:

Zur Identität Ihres Unternehmens gehört zum Beispiel die innovative Bereitstellung technischer Problemlösungen in einem bestimmten Bereich. Nun haben Sie viele Anhaltspunkte, dass Sie sich vor allem bei den Dienstleistungen verstärken müssen, um weiter erfolgreich zu sein. Vielleicht wollen Sie auch ein kleineres Service-Unternehmen integrieren. Das geht nicht ohne Brüche. Besonders hohe Hürden werden aber aufgebaut, wenn Ingenieurleistungen und Services gegeneinander ausgespielt werden. Bessere Aussichten auf Erfolg hat es, die Serviceprozesse so sorgfältig zu planen, dass sie zum unmittelbaren Bestandteil der Ingenieurleistung werden. Es macht einen Unterschied, ob sie von einer Verstärkung der Serviceleistungen erzählen oder von einer Verstärkung der Ingenieurleistungen durch Serviceprozesse.

2. Diskontinuierlicher Wandel

Einige Veränderungen sind nur durch einen tiefgreifenden Wandel der Identität möglich. Aus einem Automobilproduzenten wird kein Anbieter für Verkehrssysteme. Aus einem Krankenhaus wird kein Service-Unternehmen für Gesundheit. Es geht um die Produktion von Automobilen und die Heilung von Krankheiten. Man kann die Identität einer Organisation weiterentwickeln, oder man muss die Organisation zerschlagen und eine neue (er)-finden. Organisationen dürfen „zerstört" werden, wenn sie ihren Zweck nicht mehr erfüllen, oder der Zweck einfach nicht mehr gegeben ist. (Menschen sollten allerdings dabei möglichst nicht zu Schaden kommen.) Dann geht es nicht mehr um Veränderungen in einem Unternehmen, sondern Veränderung zu einem oder mehreren anderen neuen Unternehmen. Das ist ein wichtiger Grund, warum eine Transformation durch einen abrupten Wechsel der Unternehmensform (Privatisierung, Teilung, Zusammenlegung) oft besser zu bewerkstelligen ist, als mit kleinen Schritten. Transformative Veränderung bedeutet einen diskontinuierlichen Wechsel. Bezugspunkt der Veränderung ist die neue

Identität. Eine neue Zweckgeschichte, ein neues Geschäftsmodell müssen gefunden und formuliert werden. Das ist aufwendiger und gelingt oft erst, nachdem die Entscheidung für eine Fusion oder Verkauf schon lange in den Strukturen umgesetzt ist. Aber schauen Sie sich um, wie viele Organisationen an den Grenzen des kontinuierlichen Wandels sind: Gesundheitswesen, Automobilindustrie, öffentliche Versorgungssysteme, Technologieunternehmen. Andere Industrien wie Chemie, Pharma oder Logistikunternehmen befinden sich noch mitten in der Transformation. Die nächsten Jahrzehnte werden von transformativen Veränderungen (englisch:„disruptive change") geprägt sein.

In beiden Fällen ist es nützlich, die Zweckgeschichte in der Ausgangssituation zu erkunden. Einmal um festzustellen, um welche Art der Veränderung, kontinuierlich oder transformativ es geht. Dann auch um zu wissen, was weiterentwickelt oder auch verabschiedet werden muss.

Die Zweckerzählung Ihrer Organisation

Welche Geschichten und Situationen fallen Ihnen ein, wenn Sie die ursprüngliche Idee Ihrer Organisation beschreiben wollen? Welche Geschichten würden Mitarbeiter, Kunden und Lieferanten erzählen? Welche Geschichten werden in der Öffentlichkeit erzählt? Was wären aus deren Perspektive besonders wichtige Geschichten?

– Welche dieser Geschichten gibt für Sie am besten wieder, um was es Ihrem Unternehmen geht, was das Erfolgsgeheimnis Ihres Unternehmens ist?
– In welcher dieser Geschichten sind Handlungsmuster beschrieben, die für erfolgreiche Problemlösungen stehen? (Die Situation war so und so. Folgende Personen waren beteiligt. Da gab es eine Schwierigkeit, ein Problem. Wir haben Verantwortung dafür übernommen. Um eine Lösung zu erreichen, mussten wir Gegner überwinden und Gefahren bestehen. Doch dann kam die Wende, und Erfolg stellte sich ein.)
– Vergleichen Sie die Geschichten, die für Sie die Identität des Unternehmens am besten ausdrücken. Was ist das gemeinsame narrative Schema wie Charakteristik der Situationen, von den Hauptpersonen gelebte Werte, vergleichbare Gegner und Widerstände, Gemeinsamkeiten der Lösung?

Aus der Sicht der Führung von Veränderungen, kontinuierlich genau so wie diskontinuierlich, bedeutet jede Veränderung auch eine Veränderung der organisatorischen Identität. Der Unterschied liegt in der Dramaturgie: Transformative Veränderungen werden durch einen klaren Wechsel der Organisationsform und möglichst frühe klare Entscheidung besser unterstützt. Kontinuierliche Veränderung funktioniert am besten, wenn die Veränderung Teil der operativen Prozesse ist, wie zum Beispiel bei kontinuierlichen Verbesserungsprozessen oder der kontinuierlichen Weiterentwicklung der IT-Architektur.

Für die dramatische Form der fünf Akte macht das keinen Unterschied. Der „Weg ins Gelobte Land" ist kontinuierlich oder transformativ, je nach Blickwinkel. Er „wiederholt" die Geschichte von Abraham, Isaak und Jakob. Allerdings ist das erst die Sicht der Nachwelt. Für die Juden in Ägypten ist die Befreiung eine Transformation: der Dienst an den Fleischtöpfen Ägyptens wird ersetzt durch den Dienst am Heilswerk Gottes. Und das ist auch der Schwerpunkt der weiteren Darstellung.

Beschreiben Sie den Zweck der Veränderung

Passend zur Zweckgeschichte Israels begründet Moses den Zweck der anstehenden Veränderung gegenüber seinem Volk immer wieder mit der Notwendigkeit, Gott zu verehren und seiner Auserwählung zu folgen. Ich verstehe das, in eine modernere Sprache übersetzt, als den Zweck und Auftrag, eine freiheitliche Ordnung des Zusammenlebens zu errichten.

Restrukturierung, Fusion, neue Abläufe oder Einführung eines neuen ERP-Systems sind keine Zweckbeschreibungen, sondern bloß Beschreibungen unterschiedlicher Mittel. Der Zweck ist das, was damit erreicht werden soll. Fragen Sie fünf Mal: „Warum?"

1. Warum wollen Sie ein Restrukturierung? – Um Kosten zu senken.
2. Warum wollen Sie Kosten senken? – Um den Gewinn zu erhöhen und billiger anbieten zu können.
3. Warum wollen Sie den Gewinn erhöhen und billiger anbieten? – Um mit mehr Kapital und größeren Marktanteilen zu wachsen.
4. Und warum aber auch dies? – Um langfristig die wirtschaftliche Existenz des Unternehmens zu sichern und weiterzuentwickeln.

5. Warum wollen Sie die wirtschaftliche Existenz des Unternehmens weiterentwickeln? – Weil wir mit unseren Produkten und Leistungen
langfristig zur Lösung der Fragestellungen unserer Kunden beitragen
wollen. Dazu brauchen wir nicht nur die ständige Innovation unserer
Produkte und Leistungen, sondern auch die Erneuerung und Entwicklung der Organisation, mit der wir diese erstellen.

Und natürlich geht es auch darum, Geld zu verdienen und den Lebens-
unterhalt zu erwerben. Materielle Fragen spielen sowohl in der Begründung (zweite Warum-Frage) eine Rolle als auch für die Bereitschaft der
Beteiligten, sich für die Veränderung einzusetzen. Diese individuelle
Rechnung ist ein wichtiger Bestandteil. Für das Unternehmen ist das Geschäft die Form und entscheidendes Kriterium dafür, dass sein Nutzen
realisiert wird und nicht nur in der Phantasie stattfindet.

Für die Führung der Veränderung ist die Beantwortung der Zweckfrage
ein entscheidender Schritt. Die innere Logik der Veränderung ist für Sie
persönlich oder auch für Kolleginnen und Kollegen, mit denen Sie gemeinsam Verantwortung tragen, diskutierbar und damit auch ent-
scheidbar geworden.

Die Beschreibung und Diskussion der Zwecke ist die Voraussetzung für
eine inhaltliche Entscheidung, die Veränderung in Angriff zu nehmen
und zu kommunizieren.

Sie müssen zureichend und verständlich erklären können, warum Sie die
Veränderung wollen, damit andere Beteiligte ihnen folgen können und
Ihrer Führung vertrauen.

Finden Sie eine Metapher für den Veränderungsprozess

Der ganze Veränderungsprozess wird zu dem „Weg ins Gelobte Land".
Natürlich ist bei Moses damit auch ein geistiger und spiritueller Weg gemeint. Aber das trifft ja genau besehen auch auf andere, wenn nicht alle
Veränderungsprozesse zu: „Der Umbau für die Bedürfnisse der Bewoh-
ner", „Vom Bediener zum Diener", „Die Gestaltung einer Wissensorga-
nisation" sind als Wege der Befreiung immer auch Wege der Lebenser-
füllung der beteiligten Menschen. Insofern ist jede Veränderung, die wirklich auch etwas verändert, auch ein bisschen ein „Weg ins Gelobte Land".

Vielleicht finden Sie jetzt schon eine Metapher oder ein Bild, das die notwendige Veränderung zusammenfasst und beschreibt: „Umbau", „An-
bau" oder „Neubau". Oder trifft ein Vergleich mit dem Sport: „die Mei-
sterschaft gewinnen", „die Mannschaft ergänzen", vielleicht besser? Sie
wissen es intuitiv, wenn Sie eine Metapher gefunden haben, welche für die
Beteiligten den Sinn der Veränderung erschließt, und die den Veränderungsprozess leiten kann. – Allerdings gilt auch: eine schlechte Metapher
ist schlechter als keine Metapher. Fehlleitende Metaphern wie „Fusion",
wo es um eine Übernahme geht, oder „neuer Aufbruch", wo es um reine
Kostenreduktion geht, stiften mehr Schaden als Nutzen. Führung wird unglaubwürdig. Und oft kommen die besten Einfälle erst beim Tun.

Kommunizieren Sie das dringliche Problem

Die Kommunikation im Unternehmen ist zugleich der Startschuss für die
Veränderung im Bewusstsein der anderen Beteiligten. Die Veränderung
beginnt damit, dass in Frage gestellt wird, was bisher funktioniert hat.
Veränderung führen heißt, das Bestehende in Frage zu stellen. Sie stellen
in Frage. Sie formulieren das Problem. Und zwar erst dann, wenn sie
selbst sicher sind, dass eine Veränderung notwendig ist. – Die Art der Problemformulierung enthält die Richtung der Lösung. Wer entscheidet, ob
wir eher ein Kostenproblem oder ein Wachstumsproblem haben? Überlassen Sie diese Entscheidung nicht den Beratern. Oder auch wenn Sie im
mittleren Management tätig sind und eine Veränderungsinitiative in
Ihrem Bereich verantworten, formulieren Sie Ihre eigene Problemsicht,
Ihre eigene Frage für Ihren Bereich innerhalb der vorgegebenen Fragestellung.

Denken Sie daran, dass Kommunikation ein wechselseitiger Prozess ist.
Kommunikation, lateinisch „communicare", heißt „miteinander verbinden". Bei organisatorischen Veränderungen kommt es darauf an, die
Menschen, die daran beteiligt sind, miteinander in Verbindung zu bringen. Um im Bild zu bleiben: Nur wenn sie miteinander verbunden sind,
können sie auch an einem Strang ziehen.

Insofern gibt es keine gute und keine schlechte Kommunikation, es gibt
nur Kommunikation, die wirkt. Wenn lebensentscheidende Veränderungen in kurzen Memos „verkündet" und offensichtliche Lügen über

Hochglanzprospekte verbreitet werden, dann haben die Beteiligten wenig Motivation, die Veränderung voran zu bringen. Menschen reagieren mit Empörung oder stillem Leiden auf schlechte Nachrichten.

Menschen verzeihen Informationsfehler und sogar den Mangel an Information. Was sie nicht verzeihen, ist Respektlosigkeit und Betrug.

Kommunizieren Sie in erster Linie das dringliche Problem, das direkt zum Handeln herausfordert. Probleme, die „vielleicht" mal in der Zukunft auftauchen werden, bekommen nicht so viel Aufmerksamkeit, dass sie zu unmittelbaren Veränderungen führen. Besonders in hauptsächlich operativen Arbeitszusammenhängen, können solche „strategischen" Ausblicke auf künftige Probleme nicht wahrgenommen und verstanden werden. Und auch wenn Sie vor allem die längerfristigen Probleme aus strategischer Sicht im Auge haben, das Problem von morgen zeigt sich schon heute: Arbeitsüberlastung, zurückgehende Gewinne, neue Wettbewerber, Veränderung der Rahmenbedingungen.

Kommunizieren Sie das Problem und nicht die Lösung

Führungskräfte sind versucht, gleich die Lösung mitzuteilen. Dieser Fehler kommt häufig vor. Die Beteiligten sind allerdings meistens noch nicht so weit, dass sie überhaupt das Problem sehen. Folge ist, der Zusammenhang geht verloren. Die anstehende Veränderung wird nicht verstanden und abgelehnt. Kommunizieren Sie das Problem, lange bevor Sie etwas zur Lösung sagen.

In organisatorischen Veränderungsprozessen liegt sicher 50 Prozent ihres Erfolgs in der Kommunikation. Bei komplexeren Veränderungsvorhaben ist es nützlich, die Kommunikation mit den Beteiligten in einer eigenen Strategie und einer Maßnahmenplanung zu führen.[55] Beziehen Sie Ihre Kommunikationsexperten möglichst früh mit ein. Und unterscheiden Sie zwischen interner und externer Kommunikation: nach außen braucht es eine klare in sich stimmige Oberfläche, welche die Vertrauenswürdigkeit der Veränderung verkauft. Nach innen dürfen auch die Widersprüche und Risiken nicht verschwiegen werden. Das Problem zu

---

[55] Das gilt besonders für große und kontroverse Veränderungsvorhaben, die mit Massenmedien wie Film, Fernsehen und Intranet wirkungsvoll unterstützt werden.

kommunizieren bedeutet, eine realistische Einschätzung zu kommunizieren. Starke Dramatisierung bis hin zur „leichten" Lüge bewirkt in der
Folge Vertrauensentzug. „Wir müssen unsere Kosten um 20 Prozent reduzieren, um an unserem Standort wettbewerbsfähig zu bleiben." Da ist
das Risiko hoch, dass besonders Ihre Mitarbeiter das nicht glauben werden. Solche pauschalen Aussagen werden als unseriös wahrgenommen.
Jeder weiß, dass der Wettbewerb von Produktionsstandorten nicht in erster Linie durch die Kosten entschieden wird. Merkmale wie Qualität,
Kundennähe, Innovationskraft und Schnelligkeit gehen vor. Bleiben Sie
aber in der Kommunikation nicht hinter dem wahren Problemdruck
zurück. Insbesondere die Mitarbeiter zu schonen, führt leider oft zu einem bösen Erwachen.

Kommunizieren Sie, sobald Ihre eigene Überzeugung stark genug ist und die anderen Beteiligten die Notwendigkeit sehen können

Moses fasste seinen Entschluss zur Veränderung nach einem Schlüsselerlebnis: Gott spricht zu ihm aus dem brennenden Dornbusch. Bis zu diesem Zeitpunkt haben Sie nur die Sicht aus Ihrer Leitungsverantwortung
als Geschäfts- oder Bereichsleiter oder auch in einer Leitungsgruppe entwickelt. Jetzt ist Ihre Überzeugung stark genug. Die Notwendigkeit der
Veränderung ist für Sie unabweisbar. Ein Erlebnis mit einem Kunden, einem Mitarbeiter mit direktem Bezug auf Ihr Geschäft macht es für Sie
selbst dringlich, jetzt sofort mit der Veränderung zu beginnen. Welches
ist Ihr Schlüsselerlebnis?

Schon Ihre gezielten Nachfragen zu Problemen und Daten aber haben
vielleicht andere Angehörige Ihrer Organisation hellhörig gemacht. Die
Frage ist, wann und was Sie anfangen wollen, aktiv zu kommunizieren.
Viele Führungskräfte verschenken diesen wichtigen Zeitpunkt. Sie kommunizieren entweder zu früh, wenn die Argumente noch zu schwach sind
oder zu spät, wenn die Gerüchte sich schon verbreitet haben. Der richtige Zeitpunkt ist der, wenn eine Veränderung auch für die anderen Beteiligten beginnt dringlich zu werden. Beziehen Sie sich auf objektive Tatsachen: Das sind nicht erreichte Ziele, negative Entwicklung von Kenn-
zahlen, spürbare Klimaverschlechterung im Unternehmen oder auch einfach politische Vorgaben und Anweisungen aus der Konzernspitze. Ohne
den Bezug auf Realität, die Ihre Mitarbeiter oder auch Kunden selbst beobachten können, gelingt es in der Regel nicht zu überzeugen. Und eine

wichtige Tatsache ist Ihre subjektive Wahrnehmung, Ihr Gefühl, das, wozu Sie stehen. „Dies sind die Tatsachen und ich habe das ganz deutliche
Gefühl, jetzt müssen wir uns ändern."

Allerdings zu warten, bis die Notwendigkeit der Veränderung drückend
wird, engt den Handlungsspielraum ein. Darum ist es eine hervorragende Führungsaufgabe zu handeln, bevor man nur noch reagieren kann.
„Dringend" bedeutet „aus unternehmerischer Sicht dringend". Die unternehmerische Vorstellung definiert das richtige Zeitfenster: Ein neues
Geschäftskonzept realisieren, um Marktführer zu werden. Das Unternehmen umbauen, um die Chancen der Globalisierung wahrzunehmen.
Mit einem Mitbewerber zusammengehen, um gemeinsam wieder wachsen zu können. – Unternehmen, die nicht den nächsten Entwicklungsschritt ins Auge fassen, verlieren auf Dauer ihre Existenz.

Achten Sie besonders auf wirksame interne Kommunikation

– *Wiederholen Sie die Botschaft sechs Mal!*
   Wir sind in der Regel überflutet mit Informationen über die unter-
   schiedlichsten Kommunikationskanäle. Unsere Aufmerksamkeit wird
   erst angezogen, wenn wir eine Botschaft einige Mal gelesen und gehört
   haben. Eine einfache Botschaft muss bis zu sechsmal wiederholt wer-
   den, damit sie alle ernst nehmen.
– *Benutzen Sie unterschiedliche Kommunikationskanäle!*
   Unterschiedliche Kommunikationskanäle zu nutzen ist nicht nur eine
   Frage der Variation. Kommunikationskanäle erfüllen auch spezifische
   Zwecke zu einem unterschiedlichen Verhältnis von Preis und Leistung. E-Mail ist preisgünstig, wird aber meistens wenig verbindlich
   wahrgenommen. Persönliche Gespräche sind wirksam und teuer.
– *„Verkaufen" Sie das Problem, nicht die Lösung!*
   Mitarbeiter müssen verstehen, was das Problem ist und dass es ein Pro-
   blem ist, sonst sind sie nicht bereit, sich zu engagieren. Selbst wenn sie
   mit der bisher erarbeiten Lösung nicht einverstanden sind, können sie
   sich keine eigene Meinung bilden, wenn sie das Problem nicht verstanden haben. Und auch die Lösung kann sich in manchen Fällen
   noch verändern, wenn bessere Argumente dazu kommen.
– *Wertschätzung des Vergangenen!*
   „Das Neue ist der Feind des Alten." Personen allerdings, die für das
   Alte, die Lösungen der Vergangenheit stehen, fühlen sich oft abge-

wertet schon durch den Wunsch, etwas Neues zu versuchen. Darum nutzen Sie Gelegenheiten, das Alte als Lösung für die vergangenen Probleme immer wertzuschätzen zusammen mit den Menschen, die für diese Lösungen standen. Damit ersparen Sie sich später viel „Sand im Getriebe", den die Protagonisten der Vergangenheit aus Ärger und Resignation streuen können.

– *Wann immer möglich, bauen Sie Feedbackmöglichkeiten ein!*
Die meisten Fehler in Veränderungsprojekten werden von Führungskräften gemacht, die nicht wissen, wie ihre Interventionen wirken und was sie auslösen. „Ich wollte erreichen, dass meine Mitarbeiter Ihre Erfahrungen für Verbesserungsmöglichkeiten einbringen. Später wurde mir klar, dass sie nur damit beschäftigt waren, die schon beschlossenen Maßnahmen möglichst zu verhindern." Also Feedback holen mit Telefonrunden, Gesprächen, Befragungen.

– *Zuhören!*
Fast noch wichtiger als aktiv Feedback einzuholen ist Zuhören. Die Menschen reden, wenn man ihnen zuhört. Sie erzählen Dinge, die sie sonst nicht erzählen würden. Sie erfahren von Risiken und Fehlern, von denen Sie sonst nichts wüssten. Menschen, denen Sie zuhören, fühlen sich ernst genommen und verstanden. Menschen, die eine Veränderung durchmachen, müssen Abschied nehmen von alten Vorstellungen und Gewohnheiten. Dabei hilft es, ein bisschen zu klagen. Hören Sie ein wenig auch die Klagen. Zeigen Sie Mitgefühl.

– *Zur richtigen Zeit am richtigen Ort!*
Also nicht am Freitagnachmittag eine wichtige Information geben. Oder auch Mitarbeiter, die damit beschäftigt sind, von ihren alten Vorstellungen Abschied zu nehmen, mit grandiosen Aussichten und neuen Chancen überwältigen. Nicht mehr als drei Informationen auf einmal.

– *Wahrhaftigkeit!*
Wahrhaftigkeit bedeutet nicht, alles zu sagen, was man weiß. Aber niemals Lügen! Informationen müssen konsistent sein und zur Realität der Beteiligten passen. Reden und Handeln müssen zueinander stimmen. Sagen Sie die guten und die schlechten Nachrichten!

Erzählen Sie bei jeder Gelegenheit die Veränderungsgeschichte

– Wie wurden „wir" auf das Problem aufmerksam? – Die Verkaufszahlen sind kontinuierlich gesunken. Die Rentabilität. Die Strategie ist nicht aufgegangen ...

– Wie haben „wir" das Problem verursacht? – Wir haben versäumt, unsere Strukturen schneller anzupassen. Unsere Voraussagen waren falsch. Niemals die Schuld des Problems bei anderen suchen, dem Markt, den Kunden, den Mitbewerbern etc. Das ist nicht nur sachlich falsch, sondern tötet auch die Motivation, selbst etwas zu ändern.
– Wer nimmt die Verantwortung für die Veränderung?
– Was würde aus unserer Sicht geschehen, wenn wir diese Veränderung nicht in Angriff nehmen würden?
– Was soll anders werden? Was wird sich dadurch verbessern?
– Wie kann die Verantwortungsgruppe dazu beitragen?

Das ist keine große Kunst. Es braucht nur Ehrlichkeit:

„Unser Marktanteil ist in den letzten fünf Jahren von über 50 Prozent auf letztes Jahr 42 Prozent zurückgegangen. Sie können sich ausrechnen, was das für unsere wirtschaftliche Situation bedeutet. Spätestens im nächsten Jahr werden wir das erste Mal in unserer Firmengeschichte rote Zahlen schreiben. Unsere Mitbewerber sind nicht besser, aber sie sind schneller als wir. Sie sind nicht besser, aber sie sind billiger als wir. Wir müssen jetzt etwas tun, sonst droht der Verkauf: Techniker werden zu Verkäufern und Verkäufer zu Technikern, Monteure werden zu Kundenbetreuern und Kundenbetreuer werden zu Produktentwicklern. Kunden werden zu unsren Partnern und unsere Partner werden zu unseren Kunden. Es wird ein langer und für manche von uns schmerzlicher Weg sein: Wir werden nächstes Jahr 10 Prozent weniger Personal haben. Wir werden in Asien ein neues Verkaufszentrum eröffnen ... Und wir werden es schaffen, unsere Marktführerschaft zu verteidigen."

Machen Sie sich selbst klar, was geändert werden muss

Organisatorische Veränderung ist immer auch eine persönliche Angelegenheit. Die Auffassung von der Notwendigkeit einer Veränderung ist eng verbunden mit der eigenen persönlichen Erfahrung. Moses ist schon ein reifer Mann, der viele Veränderungen durchlebt hat, als er zum Veränderungsführer wird. Seine Mutter rettete ihm als Baby das Leben, als sie ihn in einem Binsenkorb auf dem Nil aussetzte. Darin fand ihn eine ägyptische Prinzessin und er wurde vom Hebräer zum Ägypter. Als junger Mann fand er zu seinen Wurzeln zurück, heiratete eine Jüdin und wurde ein jüdischer Familienvater. In seiner persönlichen Geschichte als

Angehöriger beider Kulturen hatte er erfahren, dass es für ein friedliches Zusammenleben von Israeliten und Ägyptern in Ägypten keine Chance gab. Moses sah die Existenz des Volkes Israel in der Sklaverei akut gefährdet. Gefährdet war die Identität und Selbstverständnis als freies Gottesvolk und auch die physische Existenz durch den Anschlag der Ägypter, die männlichen Neugeborenen gleich zu töten.

Auch in Unternehmen sind Veränderungen oft eine Art Überlebensprogramm. Ohne eine Veränderung wäre die Existenz, sei es die wirtschaftliche Grundlage oder auch die Erfüllung des politischen Auftrages akut gefährdet. Das ist vielleicht das überzeugendste Veränderungsmotiv.

Doch wollen Sie ja nicht unbedingt warten, bis eine Existenzgefährdung eintritt. Meistens ist die späte Veränderung risikoreicher und auch teurer. Führung heißt voraus zu schauen, nicht nur Risiken, sondern auch Entfaltungschancen frühzeitig zu entdecken. Da ist einmal unternehmerische Intuition, die sich durch weitere Analysen und Daten zu begründbaren Voraussagen erhärten lässt. Für ein systematischeres Vorgehen zur Entdeckung des eigenen Veränderungsbedarfs kann auf bewährte Instrumente der Organisationsanalyse zurückgegriffen werden. Welche Schlussfolgerungen dann daraus gezogen werden, ist die Verantwortung der Führung.

Organisationsanalyse

Für die Entdeckung und Beschreibung des Veränderungsbedarfs in Organisationen gibt es mindestens so viel Instrumente, wie es Theorien über das Funktionieren von Organisationen gibt. Das ist die eine Seite. Auch der Zweck, einen Veränderungsbedarf festzustellen, ist in bestimmter Weise unscharf: Eine Analyse kann keinen Veränderungsbedarf feststellen, das können nur Menschen, die auch die Verantwortung für ihre Sichtweise übernehmen. Analyse kann Führung nicht ersetzen. Es gibt kein wirklich objektives Bild. Auf der anderen Seite sind Organisationsanalysen oft hilfreich, um sich ein besseres Bild über die Situation und die Herausforderungen zu machen.

– Stärken, Schwächen, Chancen, Bedrohungen: Situationsbeschreibungen mit diesen Fragen eigenen sich besonders zur besseren Klärung der eigenen Wahrnehmung von Führung und Manage-

ment. Die Ergebnisse sind besser, wenn sie im Team erarbeitet
werden.
- Interviews, Diskussionen mit den wichtigsten Interessengruppen,
  auch mit Kunden und Mitbewerbern ergänzen die Außensicht. Dabei sind Foren und Realdiskussionen nach meiner Erfahrung wirk-
  lichkeitsnäher.
- Betriebswirtschaftliche Analysen erlauben gewisse Extrapolationen
  und Voraussagen über die wirtschaftliche Entwicklung.
- Mehrdimensionale Analysen betrachten das Unternehmen unter
  unterschiedlichen Gesichtspunkten wie Finanzen, Strategie, Mitar-
  beiterpotenzial, Leistungen und Kunden. Standardisierte Verfahren
  wie z. B. die EFQM-Analyse (Europeen Foundation for Quality Management) erlauben einen Vergleich mit anderen Unternehmen.

Welches Verfahren[56] Sie zu Hilfe nehmen, hängt von Ihrer Einschätzung
über das Verhältnis von Aufwand und Nutzen ab. Die Erfahrung zeigt,
dass sehr differenzierte Verfahren oft weniger hilfreiche Aussagen zur Begründung von Entscheidungen bieten als erhofft. Je genauer und spezi-
eller Sie Ihre Fragestellung umrissen haben, desto mehr Nutzen können
Sie aus externer Expertise ziehen: Marketing, Aufbau neuer Leistungsprozesse oder von Auslandsvertretungen. Allein mit der Innensicht Ihres
Unternehmens zu arbeiten ist fahrlässig, wenn es um umfangreichere
Veränderungen gehen soll. Alle Analysemethoden, die über die eigentliche Leitungsgruppe hinaus weitere Personen einbeziehen, sind zugleich
Führungsinterventionen: Sie können die Beteiligten mehr oder weniger
einbeziehen; mit den Beteiligten können Sie im Verlauf der Analyse gemeinsame Sichtweisen entwickeln; mit gezieltem Einkauf externer Expertise können Sie auf die bisherigen blinden Flecken der Führung aufmerksam machen.

Objektivierende Verfahren der Organisationsanalyse, für die weitere
oder möglichst viele Beteiligte einbezogen werden, unterstützen zugleich
die Aufgabe der Kommunikation. Die Lücke zwischen Ihrer eigenen

---

[56] Weitere Verfahren und ihre Anwendung beschreiben zum Beispiel KLAUS DOPPLER und
CHRISTOPH LAUTERBURG (1994), Seite 192-212. – Und wenn Sie mit externen Bera-
tungsunternehmen zusammenarbeiten, lassen Sie sich doch den Einsatz eines bestimmten Verfahrens begründen. Manche Berater nutzen einfach ihr „Lieblingsverfahren“,
ohne genügend auf die spezifischen Ziele und Rahmenbedingungen zu achten.

Wahrnehmung der Veränderungsnotwendigkeit und der Wahrnehmung von anderen Beteiligten kann so leichter geschlossen werden. Eine gemeinsame Überzeugung entsteht leichter, wenn auch gemeinsam die Daten bewertet werden, die dieser Überzeugung zu Grunde liegen.

Identifizieren Sie die beteiligten Verantwortungsgruppen und ihre Kommunikationsrollen

Verantwortungsgruppen in Veränderungsprojekten sind interne und externe. Wenn Sie jetzt darüber nachdenken, haben Sie wahrscheinlich eine direkte Verantwortung in einem Change Management Team. Sie sind vielleicht Projektleiterin oder die Leiterin eines Unternehmens.

- *Direkt Verantwortliche:* Das sind alle, die eine direkte Verantwortung für den Erfolg der Veränderung wahrnehmen. Ob die Veränderung gelingt, wird ihnen direkt, das heißt auch persönlich zugerechnet.
- *Führungskräfte in der Linie*, die jeweils innerhalb ihrer Verantwortung für ein Team, einen Bereich, ein Werk oder einen Standort, die Veränderung führen und umsetzen müssen.
- *Alle Mitarbeiter, die zum Unternehmen gehören.* Vielleicht sind diese noch hin- und hergerissen in ihrer Bewertung, wie viel Gutes oder Schlechtes die Veränderung für sie bringen wird. Tatsache ist, dass sie mit ihrer Zugehörigkeit zum Unternehmen oder auch mit dem Bezug ihres Auskommens eine Mitverantwortung haben für den Erfolg.
- *Kunden, Zulieferer, Partner* haben zwar keine direkte Verantwortung für das, was in Ihrem Unternehmen geschieht. Als Leistungspartner mit der Verantwortung für ihre eigene Leistung haben sie ein hohes Interesse daran, von den Veränderungen in Ihrem Unternehmen zu profitieren, oder falls nicht, dies möglichst früh deutlich zu machen.
- *Die Öffentlichkeit* hat die Rolle kritischer Begleitung.

Diese Beschreibung von Verantwortungsgruppen unterscheidet sich in bestimmter Weise von herkömmlichen Vorstellungen der „Stakeholders" oder „Interessengruppen". Hintergrund ist die pragmatische Idee: Kommunikation dient dem, was dabei rauskommt. Eine bestimmte Kommunikationsrolle ist bestimmt durch die Möglichkeit, Macht und Fähigkeit, einen Handlungsbeitrag zu leisten, oder es auch zu lassen. Und dafür haben Sie auch die Verantwortung.

Damit binden Sie die Perspektiven von Macht und Verantwortung unmittelbar aneinander. Sie können Mitverantwortung der unterschiedlichen Machtzentren im Unternehmen argumentativ erfolgreich einklagen
und auch besser einschätzen, welche Macht und Unterstützung, welche
Verbündeten, Sie brauchen, um das Veränderungsvorhaben zu realisieren.

Binden Sie die Verantwortungsgruppen und Machtzentren so mit ein, dass diese ihre Rolle spielen können

Alles, jede Handlung kann unter dem Blickwinkel „Kommunikation" beschrieben werden. Taten sind stärker als Worte.

- *Direkt Verantwortliche der Geschäftsleitung aus dem Management-*
  board genießen die stärkste Sichtbarkeit. Sie kommunizieren
  hauptsächlich durch Taten und Vorbild. Was an ihnen nicht wahrgenommen wird, wird auch nicht geglaubt. Sie verantworten Form und
  Inhalt der Vorgehensschritte und Interventionen.
- *Führungskräfte in der Linie* brauchen vor allem innere Verbindlichkeit. Wenn Sie als mittlere Führungskraft merken, dass Ihnen die innere Verbindlichkeit für die Veränderung fehlt, werden Sie es sehr
  schwer haben, Ihre Mitarbeiter zu überzeugen und zu führen. Als Manager brauchen Sie die Auseinandersetzung eins zu eins, müssen direkt
  Fragen stellen können und Feedback geben. Selbst wenn es einige geben wird, die zum Schluss zu den Verlierern der Veränderung gehören
  werden, da sie sich zusätzlich anstrengen müssen, eine neue Stelle zu
  finden oder in einer neuen Stelle zurecht zu kommen, gehört es zu Ihrer Führungsrolle, diesen Widerspruch aufzufangen.
  Instrument dafür ist die systematische Planung und Durchführung von
  Team Treffen Face to Face, Feedbackforen und Soundingboards.[57]
  Führungsverantwortliche auf allen Ebenen müssen die Veränderung
  zu ihrer Sache machen, um sie auch überzeugend führen zu können.
  Sogenannte Blockaden insbesondere des mittleren Managements haben nach meiner Erfahrung vor allem damit zu tun, dass diese den Sinn
  der Veränderung nicht verstanden haben und auch nicht wirklich vertreten können.

---

[57] Eine hervorragende Einführung zum Management der sozialen Architektur von Veränderungsprozessen geben ROSWITA KÖNIGSWIESER und ALEXANDER EXNER (1998):
Systemische Interventionen. Mögliche Interventionen sind hier detailliert und umsetz-
bar beschrieben.

- *Mitarbeiter* müssen in erster Linie verstehen, warum diese Veränderung so notwendig ist. Sie müssen nicht einverstanden sein. Sie haben
  die legitime Möglichkeit, das Unternehmen jederzeit zu verlassen.
  Doch wenn sie dabei bleiben, ist ein grundlegendes Verständnis der
  Veränderung die Basis dafür, ihr Verhalten anzupassen und neu auszurichten. In schon partnerschaftlich geführten Unternehmen macht
  es sogar Sinn, Mitarbeiter soweit wie möglich an der Veränderung zu
  beteiligen, ihre Sichtweisen und Vorschläge zu nutzen. Alle Untersuchungen, die ich kenne, zeigen einen direkten Zusammenhang zwischen Veränderungserfolg und der Qualität der Beteiligung der Mitarbeiter: Mitarbeiter, welche in Interviews, Fragebögen, Dialoggrup-
  pen, Videokonferenzen, Seminaren, Workshops und Großgruppen-
  formen die Chance haben, sich einzubringen und Mitverantwortung
  zu übernehmen, sind motivierter, die von ihnen selbst gefundenen Veränderungen auch zu realisieren.
- *Kunden, Zulieferer, Partner* haben zwar keine direkte Verantwortung
  für das, was in Ihrem Unternehmen geschieht. Als Leistungspartner
  mit der Verantwortung für ihre eigene Leistung haben sie ein hohes
  Interesse daran von den Veränderungen in ihrem Unternehmen zu profitieren, oder falls nicht, dies möglichst früh deutlich zu machen. Daher ist es oft nützlich, diese Interessengruppen in Gesprächsgruppen
  und Foren bis hin zur Projektmitarbeit einzubeziehen.
- *Öffentliche Wahrnehmung* entsteht hauptsächlich durch Medien. Re-
  gelmäßige Medieninformationen und die systematische Kommunikation mit Schlüsselpersonen dürfen nicht vernachlässigt werden.

Binden Sie auch Ihre Gegner frühzeitig mit ein

Dazu gehört erst mal, diejenigen Personen und Personengruppen zu identifizieren, die aus unterschiedlichen Gründen etwas gegen die anstehende
Veränderung haben könnten beziehungsweise, das auch schon gesagt haben. – Was sind ihre wichtigsten Motive und Gründe?

1. Aktueller Verlust von Sicherheit und Berechenbarkeit. Unsicherheit ist
   einfach viel anstrengender. Nicht eine Option, auf die man sich einrichten kann, sondern viele, die nicht einmal alle absehbar sind. Und
   oft ist es ja so, dass dieser Mehraufwand nicht nur schlecht bezahlt
   wird, sondern auch zu Konsequenzen führen kann, die noch weniger
   komfortabel sind.

2. Befürchtung, den erarbeiten Status oder die bisher ausgerechneten Karrieremöglichkeiten zu verlieren.
3. Wenn es doch nur der Verlust des „sozialen" Status wäre. Dieser ist fast immer verbunden mit materiellen Einbußen. Wer nachher zu den Verlierern einer Veränderung gehört, befürchtet in der Regel zu Recht, nachher weniger Geld in der Tasche zu haben.
4. Veränderung ist immer verbunden mit dem Risiko, meine Investitionen in mein Beziehungsnetz, in meinen Karriereweg, in den Erhalt und die Entwicklung meines Unternehmens einzubüßen.
5. Es gibt auch weniger rational begründbare „Widerstände"[58]. Alte Ressentiments: „Mir hat deine Führung noch nie gefallen." Gruppendynamische Gegenspieler: „Wenn ich das Sagen hätte, wäre alles viel besser."
Allerdings sind die meisten Gründe gegen eine Veränderung durchaus vernünftig und begründbar.

Gegner mit einzubinden bedeutet, ihre Gründe ernst zu nehmen. Ja, die Befürchtungen bestehen zu Recht. Ein Teil der befürchteten Konsequenzen wird eintreffen. Und auch Verlierer, jedenfalls solche, die nach ihren gerade geltenden Maßstäben einen Verlust erleiden, wird es immer geben.

Die notwendige Verbesserung der Gesamtsituation rechtfertigt allerdings auch negative Konsequenzen für Einzelne. Bieten Sie im Rahmen des Möglichen einen Ausgleich an: Was muss für Skeptiker und Gegner erfüllt sein, damit diese sich anschließen können? Welche Kompensation können Sie gegebenenfalls anbieten, um auch weniger rational argumentierende Gegner zumindest zum Stillhalten zu bewegen? – Achtung, jetzt ist nicht die Zeit der harten Schnitte und nicht die Zeit, sich neue Gegner zu verschaffen!

Führen Sie die Besetzung der Hauptrollen

In Veränderungen gibt es zwei wichtige Hauptrollen im Konflikt des Alten mit dem Neuen, die Sie besetzen: Protagonisten und Antagonisten. Das sind Personen oder Personengruppen, welche die widerstreitenden

---

[58] Den Begriff „Widerstand" außerhalb seines engeren psychoanalytischen theoretischen Bezugsrahmens in der Alltagssprache zu gebrauchen, ist aus meiner Sicht fehlleitend und sogar zynisch. Die meisten Menschen sind durchaus mit guten Argumenten zugänglich und nicht ihren „Widerständen" ausgeliefert.

Kräfte führen. Für die Führung von Veränderungen haben Sie selbst zwei Möglichkeiten: Entweder Sie gehen selbst in die öffentliche Führungsrolle oder Sie halten sich im Hintergrund und besetzen die Führungsrolle mit einem treuen Anhänger. Auch die Rolle des Gegenparts können Sie aktiv besetzen oder zumindest beeinflussen: Sagen Sie offen und vor vielen Beteiligten, wen Sie als Gegner sehen.

Moses wählt sich zur Unterstützung seinen Bruder Aaron. Dieser redet für ihn, wo Moses die Gabe der Rede nicht gegeben ist. Aaron ist zugleich das öffentliche Beispiel für Gefolgschaft: In allem, was er tut, verweist er auf die Führung von Moses. Als ersten Gegenpart bestimmt Moses den Pharao. Moses will auf jeden Fall seine Erlaubnis, wegziehen zu dürfen. Der Pharao personifiziert den äußeren Gegner. Diesen Kunstgriff für den Abschied, einen äußeren Gegner aufzubauen, nutzen Unternehmen mit dem Blick auf einen bestimmten Mitbewerber. Legendär ist zum Beispiel die Gegnerschaft von Coca Cola und Pepsi, als Coca Cola den Umbau vom Markengetränk zur Getränkemarke wagte.

Nach dem Untergang des ägyptischen Heeres im Roten Meer steht der Pharao nicht mehr als Gegner zur Verfügung. Der wahre Widersacher ist in der Organisation. Bei meiner eigenen Veränderung bin ich mir selbst der beste Gegenspieler. Später geht Aaron selbst in die Rolle des Gegenparts. Aaron ist der Anführer des Kultes um das Goldene Kalb. Aaron ist derjenige, der immer wieder der Unzufriedenheit des Volkes seine Stimme gibt. Ein genialer Schachzug! Baue deinen treuesten Gefolgsmann zugleich als deinen Gegner auf. Für diese Dienste werden Aaron und seine Nachkommen mit der Ausübung des Priesteramtes belohnt.

Bei diesem wichtigen Schritt in der Führung einer Veränderung werden Sie natürlich genau so sorgfältig vorgehen wie bei anderen Besetzungen von Rollen und Stellen. Wer für welche Rolle geeignet ist, ist auch eine Frage der Persönlichkeit. Die Personen müssen ihre Rolle für andere glaubwürdig ausfüllen können.

Wenn Sie die Rollenbesetzung nicht aktiv angehen, wird Ihre Passivität dazu führen, dass diese Rollen auf jeden Fall besetzt werden. Der zu Grunde liegende Konflikt jeder Veränderung braucht die Personifizierung von Protagonisten und Antagonisten, um in der Organisation „ausgehandelt" zu werden. Natürlich können Sie nicht alle Personen direkt bestimmen, allerdings können Sie mit dem Vorschlag von Auswahlver-

fahren oder auch durch persönliche Gespräche die Rollenbesetzung
mindestens beeinflussen.[59]

Casting

„Casting" nennt man im Bereich Theater und Film das Auswahlver-
fahren zur Besetzung von Rollen. Entscheidend für die Auswahl ist die
künstlerische Fähigkeit, eine bestimmte Rolle zu gestalten. Im Mittelpunkt steht meist das „Vorsprechen" als kleine Probe der eigenen
Fähigkeiten. Oder die Regisseurin geht aktiv auf die Suche nach ge-
eigneten Darstellern. Bei der Besetzung geht es nicht um den besten
Schauspieler, sondern um den besten Schauspieler für diese Rolle.

In der Praxis ist Casting eine hilfreiche Vorstellung für die Rollenbesetzung in Veränderungsprozessen. Sie bekommen auch eine Wahrnehmung dafür, ob Sie noch weitere externe Kräfte verpflichten sollten.
Anders allerdings als im Theater zeigt sich im wirklichen Leben oft erst
im Verlauf, wer zu welcher Rolle passt oder auch nicht passt.

Anders auch als auf der Bühne und bei erfundenen Geschichten werden
die Personen ihre Rollen weitgehend selbst gestalten. Es gibt kein vorge-
fertigtes Textbuch und keine vorgegebenen Charaktere. Die Hauptpersonen stellen sich selbst dar und entwickeln ihre Rolle im Fortgang des
Dramas. Aus Gefolgsleuten können fanatische Anhänger werden, aus
Gegenspielern Feinde und aus Führern Despoten. Und Nebenrollen gibt
es eigentlich nicht: Jede beteiligte Person ist Hauptrolle ihrer eigenen Veränderungsgeschichte.

Nutzen Sie gute Beratung

Moses ist ein exzellenter Berater für sich selbst. Er hört und vertraut der
Stimme Gottes, seiner inneren Stimme, gerade und auch wenn sie genau
das Gegenteil dessen behauptet, was er selbst denkt, Unmögliches von
ihm verlangt oder auch zu überraschenden und scheinbar unrealisti-
schen Maßnahmen rät.

---

[59] In der Beratung fordere ich daher Managementteams dazu auf, die Rollen von Protagonisten und Antagonisten bewusst unter sich aufzuteilen und spielerisch auszufüllen.

Beratung von außen kann dieses Hören auf sich selbst unterstützen und erleichtern. Oft sind wir in unseren Wahrnehmungen in der Gegenwart oder Vergangenheit gefangen, auf uns selbst bezogen, und wir merken Anzeichen nicht, die im konkreten Fall weiterhelfen würden. Beratung hilft, eigene Vorstellungen zu klären und zu formulieren.

Beratung kann Sie in komplexen Situationen entlasten, übernimmt Rollen, die sonst eine geteilte Aufmerksamkeit von Ihnen verlangen würden, insbesondere bei der Moderation von Workshops oder von Konfliktgesprächen.

Beratung liefert Wissen und Erfahrung über Veränderung, Vergleiche mit anderen Unternehmen und anderen Branchen, Know-how zur Erstellung eines Storyboards, zu Architektur und Design des Veränderungsprozesses, zu Projektmanagement und den Erfolgsbedingungen im spezifischen Kontext eines Unternehmens oder eines Konzerns.

Gute Beratung für Veränderung vereinigt die Management Fachberatung mit der Rolle eines Coaches und Sparringpartners. Sie liefert nicht nur Lösungsideen, sondern steht auch für ihre Realisierung.

Installieren Sie ein passendes Projektmanagement

Wenn Moses dazu aufruft, Wertgegenstände möglichst zu Geld zu machen und alle Schafe und Ziegen mit auf die Wanderung zu nehmen, denkt er schon an eine lange Reise. Die Bibel spricht von ewa 600 000 Menschen mit Kindern, alten Menschen und Vieh, die sich aufmachen. Da ist an ein schnelles Fortkommen nicht zu denken.

Ein kürzerer oder längerer Weg steht bevor. Vor dem Aufbruch sollte eine erste Grobplanung stehen.

– Was bedeutet der übergreifende Zweck für detailliertere Einzelziele?
– Welche Ziele sollen mit welcher Priorität erreicht werden?
– Wie lässt sich das Erreichen dieser Ziele messen? Welche Messgrößen können verwendet werden?
– Welche Risiken sind schon heute für diesen Weg darstellbar?
– Wie könnten diese Risiken gesteuert werden?

– Was sind wichtige Etappen und Meilensteine?
– Welche und wie viele Ressourcen werden dafür etwa notwendig sein?
– Wie und wann werden diese Ressourcen bereitgestellt werden können?

Wie gesagt, es geht um eine Grobplanung. Ihre Werkzeuge für Projektplanung dürfen Sie dafür verwenden. Es geht darum, eine realistische Einschätzung zu bekommen, was in welcher Zeit mit welchen Ressourcen
erreichbar ist. Projektplanung und -management sind von nun an feste
Begleiter Ihrer Führungstätigkeit. Umfang und Auslegung des Projektmanagements werden dabei je nach Veränderungsvorhaben verschieden
sein, von der aus der Linienorganisation ausgegliederten Projektorganisation bis hin zum einfachen Tagesordnungspunkt auf der normalen Ma-
nagementagenda.

Geben Sie das Zeichen zum Aufbruch. Inszenieren Sie ein Ritual

Der Aufbruch Israels aus Ägypten ist die perfekte Inszenierung eines Ri-
tuals: Das Blut an den Türpfosten markiert, wer dazu gehört und wer
nicht. Das rituelle Mahl, einfach und hastig einzunehmen, ist Vorbereitung und Zeichen für das Kommende. Eine erste neue Regel wird als Zeichen der neuen Ordnung eingeführt: Gottes Recht an jeder Erstgeburt. –
Moses setzt einen Dreischritt: (1) Die Scheidung zwischen Wir und Ihr:
Wir sind es, die aufbrechen, (2) das Ritual für den Übergang[60] und (3) die
erste neue Regel.

Mit dem Aufbruch beginnt der Abschied. Im Abschied mischen sich
Trauer über den Verlust des Vergangenen und Freude über die Möglichkeiten der Zukunft. Ein Abschied, bei dem es nur um Optimismus
und Zukunftschancen geht, wirkt immer hohl. Ein schöner Abschied ist
mit Tränen gemischt.

Wirksame Zeichen und Rituale in Veränderungen inszenieren die Übergänge, bei denen die beteiligten Personen psychologisch in eine neue Pha-

---

[60] Eine gute Einführung zur Verwendung von Ritualen und Symbolen in Veränderungsprozessen finden Sie auch bei EVA RENATE SCHMIDT und HANS GEORG BERG (1995):
Beraten mit Kontakt, Seite 390ff.

se eintauchen. Sie erleichtern nicht nur den Übergang und geben Orientierung. Durch den gemeinsamen Bezug synchronisieren sie das subjektive Erleben der Beteiligten in einem gemeinsamen Vollzug. Sie entfalten eine große emotionale Kraft der Identifikation, der sich auch Gegenspieler oder bisher Abwartende nicht entziehen können.

Wahrscheinlich kennen Sie solche Zeichen und Rituale aus dem religiösen Bereich oder aus Vereinen und Politik. Auch in Unternehmen gibt es Rituale zur Einführung neuer Mitarbeiter, bei Betriebsfeiern oder die rituelle gemeinsame Tasse Kaffee. Als Zeichen und Rituale bei größeren Veränderungen erklingt ein Lied oder eine Melodie, ein Vorhang geht auf, ein Glockenschlag.

Das Zeichen, das Sie zum Aufbruch wählen, sollte „kräftig" genug sein. Es sollte einen Unterschied machen zum Gewohnten. Vielleicht nimmt es auch Motive der Unternehmensgeschichte auf, die Impulse für die Zukunft geben: der grafische Auftritt der Firma wird verändert, die Parkplatzordnung außer Kraft gesetzt.

Es geht auch weniger theatralisch. In einer Kick-off-Veranstaltung werden das Veränderungsteam und eine erste Planung vorgestellt. Die Beteiligten werden aufgefordert, eigene Ideen einzubringen. Für die Einsetzung eines neuen Zeichens und die Inszenierung eines Übergangsrituals eigenen sich besonders gut größere Veranstaltungen. Emotionen des Abschieds müssen geweckt und verarbeitet werden. Die große Gruppe wirkt dabei wie ein Verstärker. Durch die Einheit von Zeit und Ort schafft sie sofort Gemeinsamkeit. Möglich sind auch stellvertretende Inszenierungen durch die Führungsgruppe: gemeinsam einen Schatz ausgraben, eine neue Kleiderordnung einführen ... Die Wirksamkeit wird höher, je mehr Gleichzeitigkeit und sinnliche Wahrnehmung durch die Beteiligten möglich ist. Die Aufbereitung und Kommunikation mit Multimedia, Film, Videokonferenzen und Intranet kann dies virtuell auch für viele Unternehmensstandorte weltweit unterstützen.

Damit ein Ritual von den Beteiligten als stimmig erlebt wird, muss es in der Geschichte der Veränderung eine Bedeutung haben. Selbst gefundene Rituale sind wirksamer als solche, die aus anderen Zusammenhängen (Filme, Religion) geliehen sind: Welches Zeichen, welches Ritual würde für Sie den jetzigen Aufbruch am besten symbolisieren?

Elemente eines wirksamen Zeichens für den Aufbruch

1. Ein Zeichen und ein Ritual bekommt seine Bedeutung in der Veränderungsgeschichte. Damit beginnt der anstehende Veränderungsprozess.
2. Es gibt Platz für eine Wertschätzung des Alten. Das Alte ist jetzt Teil der Erinnerung und wird nicht vergessen.
3. Das Zeichen wird gesetzt in einem Gemeinschaftsereignis. Die Beteiligten können sich als gemeinschaftliches Subjekt der Veränderung wahrnehmen.

Wirksame Rituale leben weiter. Mindestens werden sie während der Veränderung immer wieder erzählt. Es wird darauf Bezug genommen. Ein einmaliges Ritual kann zum Ritus werden, der in seinen bestimmten Elementen immer wieder von den Beteiligten ausgeführt wird als Erinnerung und als Unterstützung, das Neue wirklich wahr werden zu lassen.

Wichtige Punkte für den ersten Akt

- (Er-)finden meiner Veränderungsgeschichte
- Casting der Personen, Rollen besetzen
- Ein Storyboard der Veränderungsgeschichte erstellen
- Das Veränderungsvorhaben mit der Zweckgeschichte des Unternehmens prüfen und bewerten
- Den Veränderungszweck klären und eine Leitmetapher finden
- Die Beteiligten in ihren Verantwortungsrollen systematisch mit einbeziehen
- Ein passendes Projektmanagement installieren
- Emotionen des Abschieds ermöglichen

Warum habt Ihr das Volk in diese Wüste geführt?
Numeri 20,4

Zweiter Akt: Erster Erfolg, der Zug durch das Rote Meer

Mit dem Aufbruch gehen die Komplikationen erst richtig los. Die dramatische Spannung erreicht einen ersten Höhepunkt. Oft zeigt sich in dieser ersten Lösung („quick win") schon eine Art Spur für die ganze Geschichte. Das Volk Israel vertraut seiner Führung und zieht gegen alle Einwände, dass dies ein unnötiger Umweg sei, durch das trocken gefallene Schilfmeer. Das Heer des Pharao ertrinkt in den zurückkommenden Fluten.

Doch kaum ist dieses Abenteuer bestanden, zeigt sich, dass das nur ein erster kleiner Schritt war. Der Zug durch das Schilfmeer bedeutet zwar die Befreiung von den ägyptischen Verfolgern. Doch jetzt gibt es auch kein Zurück mehr. Die Spannung ist erhöht durch die einzige Alternative, die bleibt: in Freiheit leben oder durch innere Konflikte aufgerieben werden und auseinanderbrechen. Als nächstes droht schon eine Hungersnot. Das Volk „murrt" gegen seine Führer und steht kurz vor einem Aufbegehren. Psychologisch ist das die Phase, in der es ernst wird mit dem Abschied. Die Rückkehr zu den Fleischtöpfen Ägyptens ist nicht möglich. Dazwischen liegt ein Meer. Es gibt kein Zurück. Die Veränderung ist nicht mehr umkehrbar.

Im zweiten Akt geht es vor allem darum, die Herzen und Gefühle der Beteiligten für die Veränderung zu gewinnen. Die möglichen Vorteile und Erfolge sollten ihnen dafür möglichst konkret vor Augen stehen. Erfolgsgeschichten, die Emotionen großer Gruppen, eine erste gemeinsam durchgestandene Prüfung, Fairness den Verlierern gegenüber und sichtbar verlässliche Führung sind die Mittel dazu.

Finden Sie eine Sprungbrettgeschichte[61] für Ihr Veränderungsvorhaben

An einem gelungenen Beispiel zeigt sich, wie die Veränderung funktionieren kann und was sie bringt. Sie prüfen in bestimmter Weise an die-

---

[61] Die Darstellung folgt STEVE DENNING (2001): The Springboard.

sem Erlebnis oder dieser Erfahrung, welchen Sinn die ins Auge gefasste Veränderung macht: Ist Ihre Veränderungsvorstellung tatsächlich schon konkret genug, um von den Beteiligten verstanden zu werden? Ist wirklich klar, welche Verbesserung die Veränderung für die Beteiligten bringen wird? STEVE DENNING nennt die Erzählung solcher Erfahrungen „Sprungbrettgeschichten", da sie wie ein Sprungbrett die Kraft des Absprungs erhöhen. Nichts ist überzeugender als ein gelungenes Beispiel.

Die Kernbotschaft einer Sprungbrettgeschichte ist die *Veränderungsidee*. Die Annahme ist, dass das Neue, was erst kommen soll, schon anwesend ist: Es gibt Erfahrungen mit dem Neuen. Vielleicht sind es die positiven Ausnahmen, in denen die aktuelle Problem- oder Konfliktsituation schon gelöst erscheint. Es kursieren Geschichten über Erfahrungen von anderen Unternehmen. Für Israel ist die Sprungbrettgeschichte der Auszug aus Ägypten selbst: „Denkt an diesen Tag, an dem ihr aus Ägypten, dem Sklavenhaus, fortgezogen seid; denn mit starker Hand hat euch der Herr von dort heraus geführt" (Exodus 13,3). Die Veränderungsidee wird darin mit wenigen Worten als Geschichte erzählt: Schaut, wie das beim Auszug aus Ägypten funktioniert hat: Es hat zwar etwas Zeit gebraucht, aber dann hat uns doch Gott auf den Weg in die Freiheit geführt.

Sprungbrettgeschichten werden für eine bestimmte Veränderungsidee gesucht oder auch neu geschaffen. Sprungbrettgeschichten erzählen den Spannungsbogen von heute nach morgen, was tatsächlich morgen besser sein wird, wenn die Veränderung gelungen ist.

Drei Merkmale müssen Sprungbrettgeschichten erfüllen, um in der beabsichtigten Weise wirksam zu sein:

1. *Verbundenheit:* Die Geschichte muss, obwohl sie den Sachverhalt verkürzt, die Zuhörer mit einer positiven Idee der Realisierung und der Sympathie mit einer Hauptperson verbinden. Die Figuren müssen so gewählt sein, dass sich die Mitglieder der Organisation mit ihnen und ihrer konkreten Herausforderung identifizieren können.
2. *Fremdheit:* Die Sprungbrettgeschichte muss die Erwartungen der Zuhörer in gewisser Weise „verletzen". Die Geschichte stellt eine Art Regelverletzung vor dem Hintergrund der bisher gültigen Erfahrungen und Regeln dar. Sie erzählt von einem Unterschied. Auf der anderen Seite darf die Geschichte allerdings nicht zu fremd sein, sonst reagiert das Publikum ungläubig oder sogar verärgert.

3. *Verständlichkeit:* Die Geschichte muss die Idee derart wiedergeben, dass der Zuhörer auf ein neues Verständnisniveau gehoben wird. Während die Geschichte erzählt wird, erzählen sich die Zuhörer eine zweite Geschichte, in der sie selbst die Hauptpersonen sind und am Erfolg der neuen Handlungsmöglichkeiten teilhaben.

Elf Schritte zur Sprungbrettgeschichte

1. Formulieren Sie für sich die Vision eines Zielzustandes (die Wohingehen-wir-Geschichte), den Sie mit der Veränderung erreichen wollen.
2. Suchen Sie in Ihrem Unternehmen, erinnern Sie sich an eine Situation, ein Ereignis, als die Veränderungsidee schon wirksam wurde: „Wir haben gemerkt, wenn wir es auf diese Weise machen, haben wir ein besseres Ergebnis." – „Den Kunden konnten wir halten, da wir in der Lage waren, unsere Leistungen innerhalb weniger Wochen zu verdoppeln."
3. Wer war die Hauptperson?
4. Wie war die Hauptperson in gewisser Weise typisch für die Menschen in Ihrer Organisation?
5. Wann und wo hat das Ereignis stattgefunden?
6. Inwiefern ist die Veränderungsidee darin verkörpert?
7. Kann die Geschichte auf andere Situationen übertragen werden?
8. Was wäre ohne die entscheidende Veränderungsidee geschehen?
9. Haben Sie die unnötigen Details weggelassen?
10. Hat die Geschichte ein authentisches Happy End?
11. Wie transportiert die Geschichte die Kernbotschaft?

... und denken Sie daran: Es ist Ihr Zuhörer, der sich schließlich die Geschichte selbst erzählen muss und auch die Schlussfolgerungen daraus zieht. Viel Spaß beim Suchen und Finden!

Gestalten Sie eine Veränderungsarchitektur

Beteiligte haben unterschiedliche Verantwortungen. Aus der pragmatischen Sicht von Veränderung als Geschichte folgt: es gibt keine „Betroffenen" oder es gibt zumindest keinen Unterschied von Beteiligten und Betroffenen. Sobald eine Person oder eine Gruppe auftaucht oder genannt wird, spielt sie auch eine Rolle. Betroffene sind beteiligt, sobald sie eine

Rolle spielen. Vielleicht ist es eine kleine Rolle oder nur eine Nebenrolle für die Veränderung.

Die Frage ist: Wie können und müssen die Beteiligten beteiligt werden, damit sie ihren Beitrag leisten können? Welcher Beitrag ist gefordert? Was ist das Ziel dieses Beitrags? Wie können die dafür nötigen Kommunikationsmöglichkeiten organisiert werden? Braucht es Informationsbeiträge wie Beobachtungen und Erlebnisse bei Kunden, Markt- und Finanzdaten? Ist Mitarbeit in kreativen Prozessen, Problemlösungen gefordert? Welche formellen Regeln der Mitverantwortung und Mitbestimmung müssen eingehalten werden?

Die „Veränderungsarchitektur", die Art und Form der Beteiligung, richtet sich nach dem möglichen Beitrag aus der jeweiligen Rolle. Da ist es vielleicht richtig, Mitarbeiter im Vorfeld einer Fusion erst zeitnah zu informieren. Ihr Beitrag ist erst bei der Umsetzung gefordert.

Große Gruppen[62]

Der Austausch und die Arbeit in großen und meist mehrere Stufen der Organisation umfassende Gruppen „large scale" (über mehrere Hierarchien hinweg) ist eine äußerst wirksame Intervention für Veränderungsmanagement.

Dabei entsteht nicht nur ein Gemeinschaftsgefühl, man lernt auch eine gemeinsame Sprache zu sprechen. Großgruppenveranstaltungen sind emotional bewegende Ereignisse, auf die sich die Beteiligten in umfassenden Veränderungsprozessen immer wieder beziehen können. Sie sind Initialzündungen für die Vorstellung eines gemeinsamen Bewusstseins. Die Identifikation mit Ergebnissen, die erarbeitet werden, ist hoch.

Ein weiterer Vorteil ist, Veränderung geschieht, während alle Beteiligten dabei sind. Das erhöht nicht nur die Verbindlichkeit, das veränderte Verhalten später auch im Alltag zu zeigen, Veränderungen werden durch die gemeinsame Arbeit auch synchronisiert. In der Folge ver-

---

[62] Dazu gibt es umfangreiche Literatur. Eine gute Einführung gibt es von CAROLE MALEH (2001): Open Space – Effektiv arbeiten mit großen Gruppen.

mindert sich der Reibungsverlust durch unterschiedliche Geschwindig-
keiten.

Am besten wählen Sie einen professionellen Anbieter. Neben dem relativ hohen Aufwand und den Kosten, sollten sie von den inhaltlichen
Ergebnissen keine zu hohe Qualität erwarten. Veränderungsziele, Maßnahmenpläne und Aufgabenverteilung müssen fachlich nachbearbei-
tet werden. Das geht auch mit einer begleitenden Fachgruppe mit Experten und Führungsverantwortlichen, welche die Ergebnisse „über
Nacht" nacharbeiten.
Das Aussetzen der Linienorganisation während der Großgruppenveranstaltung muss später wieder in klaren Verantwortungen und Ver-
antwortungsbereichen dargestellt werden. – Einige Anbieter von
Großgruppenmoderation möchten Große Gruppen am liebsten als Lösung überhaupt für die Beteiligung der Beteiligten verkaufen. Tatsache
ist jedoch dass aus Teilnahme nicht unbedingt auch Verantwortung
und Beteiligung wächst. Großgruppen unterstützen allerdings dabei,
einen kleinen Schritt zur Verantwortung zu tun, und Verantwortung
dafür zu übernehmen, eine eigene Sichtweise einzubringen.

Fraktales Team

Diese Arbeitsform haben wir in der Beratergruppe Systemic Consulting
entwickelt. Wir versuchen nicht, die ganze Organisation mit möglichst
vielen Personen in einen Raum zu bringen, sondern arbeiten mit den
formell oder auch informell führenden Personen aus den unterschiedlichen Verantwortungsgruppen, insgesamt etwa 30 Personen. Die Ana-
logie ist die Scherbe des zerbrochenen Spiegels (Fraktal): Das Ganze
spiegelt sich wieder in jeder Scherbe. Entscheidend ist die Auswahl der
richtigen Teilnehmerinnen und Teilnehmer in ihrer Glaubwürdigkeit
und Verbindlichkeit. Die Arbeit geht zu einer abgegrenzten Fragestellung (zum Beispiel Organisationsanalyse, Storyboard, Planung des Ge-
samtprojekts) und ist ergebnisorientiert.

Ein fraktales Team ist eine systematische Alternative zu Großgruppen-
verfahren in der Abbildung ganzer Organisationen, was (a) die Kosten
und (b) die höhere Qualität der Ergebnisse betrifft. Die entscheidende
Anforderung an das Engagement der Mitglieder der Organisation ist

weniger das Gefühl „ich war dabei, irgendwie nicht so hierarchisch, durfte mitbestimmen, ein emotionales Wir", sondern das Ergebnis ist überzeugend für die kritische Anzahl der Menschen, welche die Entwicklung der Organisation voran bringen können und wollen.

Ähnlich wie Großgruppen suchen wir eine möglichst gute Abbildung der Komplexität der Fragestellung aus den unterschiedlichen Verantwortungsgruppen. Dadurch wird eine hohe Verbindlichkeit für die Umsetzung von Maßnahmen erreicht. Wenn es aber vor allem darum geht, schnell eine neue andere Stimmung und Emotion in das Unternehmen zu bringen, ist ein fraktales Team weniger geeignet als Großgruppen. Nicht eine Kehrtwende wird angestrebt, sondern eine organische Entwicklung mit einer gewissen Richtungsänderung.

Die Art und Form der Beteiligung richtet sich nach den möglichen Beiträgen. Mein Beitrag ist meine besondere Sichtweise, meine Fähigkeit, die ich einbringen kann, oder etwas, was (nur) ich tun kann, damit die Veränderung gelingt. Für Beiträge gibt es keine „Stellvertreter", es geht um keine politische Veranstaltung. – Das Thema Macht sollten Sie zu diesem Zeitpunkt noch zurückhalten, so weit das möglich ist. Natürlich können Veränderungen politisch verhindert oder auch befördert werden. Und der politische Beitrag ist ein Auswahlkriterium für die Rollenbesetzung. Die entscheidende politische Auseinandersetzung erfolgt allerdings erst im dritten Akt. Dann stellen Sie aktiv die Machtfrage. Und dann zeigt sich auch, ob die Durchsetzungsmacht für die Entscheidung ausreicht.

Die Frage nach der Verantwortung kommt vor der Frage nach Interesse und Macht.

Die Art der Beteiligung hat unterschiedliche Grade: von der Möglichkeit zu Informationen Stellung zu nehmen und Bedenken zu äußern bis hin zur verantwortlichen Entscheidung über die nächsten Umsetzungsmaßnahmen. Das „Design" der sozialen Formen der Beteiligung, wie Arbeits- und Steuergruppen, Großveranstaltungen, Projektsitzungen, Informationsveranstaltungen in einer systematischen Planung, wird auch als „Architektur"[63] eines Veränderungsprozesses bezeichnet. Neben der Projektpla-

---

[63] Vergleiche dazu noch einmal Roswita Königswieser, Alexander Exner (1998): Systemische Interventionen.

nung ist die Architektur eine weitere wichtige Steuerungsperspektive, den
Veränderungsprozess systematisch zu strukturieren. In der Regel lässt sich
erst nach der Besetzung der wichtigsten Rollen und der Ausarbeitung der
Problemstellung sinnvoll entscheiden, welche sozialen Formen der Beteiligung angemessen sind. Umgekehrt führt eine zu frühe Planung der sozialen Beteiligung nach meiner Erfahrung dazu, die politische Frage in den
Vordergrund zu spielen, bevor die Notwendigkeit und der Sinn der Beiträge der Beteiligten geklärt ist. Die Frage nach der Verantwortung sollten
Sie vor der Frage nach dem Interesse und der Macht stellen.

Geben Sie den Beteiligten Bedeutung in einer „größeren Geschichte"

Welche Form die Entscheidungsprozesse in Ihrem Unternehmen haben,
wie Führung legitimiert wird, ist von der Form der Beteiligung unabhängig. Die Vermischung der beiden Aspekte kann nach meiner Erfahrung gerade im Umfeld politischer und öffentlicher Unternehmen Veränderungsvorhaben im Keim ersticken. Das gilt auch für Wirtschaftsunternehmen, wenn versucht wird, an den legitimen Mitarbeitervertretun-
gen vorbei zu agieren.

> Für die ersten Schritte der Veränderung gilt: Bauen Sie auf Führung und
> Macht, wie sie in der gegebenen Realität funktionieren.

Beantworten Sie zum jetzigen Zeitpunkt die Frage nach der Macht, indem Sie sie überhaupt nicht stellen. Also beziehen Sie Mitarbeitervertre-
ter und Investoren nach den geltenden Regeln in den Entscheidungspro-
zess mit ein.

Für mich als beteiligte Person hat die Veränderung eine persönliche
Bedeutung: Ich habe die Chance, neue Fähigkeiten zu entwickeln und einzubringen. Meine Arbeit bekommt (wieder) eine neue Perspektive. Ich
darf an einer Veränderung mitarbeiten, die unser Geschäft stärkt und
meinen Arbeitsplatz sichert. Oder für mich entscheidet sich vielleicht,
dass ich im Rahmen dieses Unternehmens nichts mehr beitragen kann.
Dann muss ich frühzeitig eine Alternative erarbeiten und den richtigen
Zeitpunkt für den Absprung finden. Ich werde zum selbstbewussten
Anbieter meiner Leistungen und lerne die Chancen eines offenen und

sozial abgefederten Arbeitsmarktes[64] schnell und offensiv nutzen. Und ich muss dazu natürlich möglichst schnell eine realistische Einschätzung meiner Möglichkeiten bekommen.

Veränderung führen bedeutet, den Beteiligten (neue) Bedeutung geben.

Den Reflexionsprozess, der für jede und jeden Einzelnen notwendig ist, um in einer veränderten Welt einen neuen Platz zu bekommen, können und sollen Sie aktiv fördern: Geben Sie nicht nur Wertschätzung, sondern beschreiben Sie möglichst genau, was Ihnen besonders gut am Beitrag einer Beteiligten gefällt! Machen Sie immer wieder den Zusammenhang zur Gesamtgeschichte klar! – Es geht um den Stolz, dabei sein zu dürfen. Dabei geht es nicht nur um Rhetorik. Geben Sie Eigenverantwortung zusammen mit dem Vertrauen, dass die Beteiligten ihren jeweiligen Beitrag zum Gelingen der Veränderung leisten!

Das hört sich natürlich etwas emphatisch an; ist es auch. Gelingende Veränderung hat als Bedingung, dass die Beteiligten sich mit der Veränderung identifizieren. Nur dann werden sie in vollem Umfang ihre Leistung bringen und die durch die Veränderung mögliche Verbesserung realisieren. Je mehr die Veränderung zur eigenen Veränderung der Beteiligten wird, desto wirksamer ist die Umsetzung.[65] Ressourcen, Raum und Chancen der Veränderung müssen offensiv verteidigt werden.

Erkämpfen Sie einen ersten Erfolg

Ob Moses vorher sicher wusste, dass die Episode am Schilfmeer gut ausgehen würde, wissen wir nicht. Die Überwindung der ersten Krise, der erste Sieg, legt eine Spur für das Gelingen des Veränderungsvorhabens.

---

[64] Leider wird der Beitrag von sozialen Sicherungssystemen zur Veränderungsfähigkeit unserer Unternehmen und Organisationen viel zu wenig diskutiert. Diesen Beitrag positiv wertschätzend herauszustellen ist aus meiner Sicht Grundbedingung für die Veränderungsfähigkeit unserer Organisationen und der Positionierung Europas im internationalen Veränderungswettbewerb. Aus meiner Sicht geht es nicht um „Arbeitslosigkeit" – dieser Begriff sollte gestrichen werden –, sondern um Investitionen in den Umbau der Gesellschaft.

[65] Nach meiner Erfahrung führen die Treiber von Veränderung (siehe erstes Kapitel) faktisch zur steigenden Anforderung an Unternehmen, Antworten auf immer komplexere Fragestellungen zu liefern. Die einzige Möglichkeit, die Verarbeitung von Komplexität zu vergrößern, ist, die Eigenverantwortung und Selbständigkeit, die Selbstorganisation der Mitarbeiter zu vergrößern. Die schönste Geschichte, die ich dazu kenne, ist von DENNIS W. BAKKE (2005): Joy at Work – A Revolutionary Approach to Fun on the Job.

JOHN P. KOTTER[66] hat misslungene Veränderungsprojekte untersucht und herausgefunden, dass das Ereignis eines ersten kurzfristigen Gewinns oft darin fehlt: Wenn sich nicht in nützlicher Zeit zeigt, dass die Veränderung Erfolg haben wird, werden Budgets plötzlich gestrichen, der Vorstand zieht seine Unterstützung zurück, für die Veränderung wichtige Mitarbeiter verlassen das Unternehmen. KOTTER beschreibt folgende Wirkungen von schnellen Siegen (englisch: „quick wins"):

– Sie zeigen, dass sich die Anstrengung lohnt. Die Investitionen scheinen sich zu lohnen und rechtfertigen weitere Investitionen.
– Die Mitarbeiter werden motiviert, sich weiter einzusetzen und die Veränderung voran zu bringen.
– Ein erster Gewinn hilft bei der Feinsteuerung, was funktioniert und was nicht funktioniert.
– Die Gegner der Veränderung werden in Schach gehalten. Bisher unentschiedene Beteiligte werden überzeugt.
– Der schnelle Sieg sichert und verbreitet die Unterstützung in und außerhalb des Unternehmens.

Planen Sie also die erste Krise mit einem ersten Gewinn sorgfältig.

– Sie muss gut wahrnehmbar und kommunizierbar sein. Sie wollen ja eine möglichst große Zahl der Beteiligten erreichen und überzeugen.
– Der Sieg muss möglichst eindeutig sein. Ein klarer Sieg.
– Er muss in deutlichem Zusammenhang mit der Veränderung stehen.

Der schnelle Gewinn liegt nicht unbedingt direkt auf dem Weg der längerfristigen Veränderung.

Veränderungen in Unternehmen werden über Ziele geführt, die in einer bestimmten Zeit erreicht werden sollen. Die Setzung eines Zieles ist normalerweise mit der Vorstellung von Schritten verbunden, mit denen dieses Ziel erreicht wird.Ein schneller Gewinn wird als kurzfristiges Ziel gesetzt. Er liegt allerdings nicht unbedingt auf dem systematischen Weg der Realisierung des längerfristigen Ziels. Suchen Sie also bei der Möglichkeit einen schnellen Punkt zu machen, nicht nur auf dem geraden Weg. Der Weg durch das Schilfmeer war sogar ein großer Umweg.

---

[66] Der Abschnitt nimmt die Erkenntnisse von JOHN P. KOTTER (1996): Leading Change, Seite 117ff., auf. Siehe auch im kommentierten Literaturverzeichnis.

Ein Versicherungsunternehmen möchte seine IT-Dienstleistungen durch Outsourcing qualitativ verbessern. Strategisch geht es darum, sich auf Kernprozesse zu konzentrieren und die dafür notwendigen Dienstleistungen zum bestmöglichen Preis-Leistungs-Verhältnis am Markt einzukaufen und dadurch die Gesamtqualität zu erhöhen: Mit dem ausgewählten Outsourcingpartner wird als schneller Erfolg für die ersten zwei Jahre eine reale Kostensenkung um 15 Prozent vereinbart.

Durch die Integration von Forschung und Entwicklung in den Verkauf möchte ein Maschinenbauunternehmen mit seinen Produkten besser auf die Kundenherausforderungen eingehen und den Absatz verbessern. Als schneller Gewinn ist die Verkürzung der Entwicklungszeit für ein wichtiges Zukunftsprodukt vorgesehen.

Erste Siege erzielen Sie auch mit erfolgreichen Pilotprojekten oder abgrenzbaren Veränderungen in einzelnen Bereichen oder Teams. Und dies ist wirklich in bestimmter Weise „planbar". Vielleicht nicht ganz umfänglich und in jeder Hinsicht. Doch können und sollen Sie bestimmen, in welchem Bereich, auf welchem Feld ein möglichst überzeugender erster Sieg errungen wird.

Bestimmen Sie den Punkt, an dem es keine Umkehr mehr gibt

Mit dem ersten Sieg wird nicht nur die Stimmung besser, die Beteiligten lassen leider auch in ihrer Konzentration nach: „Nach diesem schönen Erfolg, ist es dann noch wirklich nötig, das ganze Vorhaben zu verwirklichen?" – Moses lässt das Meer wieder zurückfluten. Es gibt kein Zurück mehr. Murrend machen sich die Menschen auf die nächste Etappe, als sie merken, wie weit das Ziel noch entfernt ist, und dass es jetzt keine Umkehr mehr gibt. Aber sie gehen.

Natürlich können Sie immer entscheiden, ob oder wann es günstig ist, ein Veränderungsvorhaben lieber abzubrechen oder rückgängig zu machen. Ein erster Sieg legt zwar eine Spur, macht aber keine Voraussage auf den erfolgreichen Ausgang des gesamten Vorhabens. Den Rückweg allerdings offen zu halten, bindet auch die Konzentration der Beteiligten bei den jetzt kommenden Krisen. Die Versuchung ist da, lieber zurückzuweichen, als die Krise durchzustehen und die Entscheidung zu suchen.

Nach dem ersten Sieg ist daher der richtige Zeitpunkt gekommen, die Brücke zur Vergangenheit endgültig abzubrechen. Jetzt wird es ernst mit der Veränderung. Es gibt kein Zurück mehr. – Das ist mehr der Dramaturgie gepflichtet, als es in Wirklichkeit der Fall ist: Natürlich hätte Israel auch einen anderen Weg finden können, um nach Ägypten zurückzukehren. Es ist ein Zeichen der Entschlossenheit, an dem Führung ihre Glaubwürdigkeit messen lässt. Jetzt werden die größeren Investitionsentscheidungen gefällt. Pläne für die nächsten Schritte werden ausgearbeitet. Vielleicht geben Sie jetzt der Veränderung eine formelle Projektstruktur. Um ihre operative Durchsetzung zu verbessern, setzen Sie eine eigene Projektorganisation[67] ein.

Führen Sie die Führungskrise

Nach dem ersten Erfolg entsteht zeitnah eine Führungskrise. Die wirklichen Gegner sind ja gerade erst geweckt und merken, dass es ernst wird mit der Veränderung. Eine Schwalbe macht noch keinen Sommer. Der erste Erfolg wird zugleich als Grund für den Zweifel an Ihrer Führung ins Feld geführt: Warum nur ein erster Erfolg und nicht gleich der Gesamtsieg? Der Pharao ist zwar geschlagen, aber wie lang soll denn das noch gehen, bis wir das Gelobte Land erreichen?

Veränderung stellt Führung in Frage. Von Führung wird Sicherheit erwartet und Veränderung bedeutet Unsicherheit. Die Unsicherheit wächst immer dann, wenn der unmittelbare Handlungsdruck einer Veränderungskrise zurückgeht oder sogar erfolgreich durchgestanden ist. Der Veränderungskrise folgt die Führungskrise.

Nehmen Sie einen sicheren Standort ein. Wie und ob die Veränderung gelingt, ist nach wie vor unsicher. Wer hier Sicherheit vorspiegelt, die durch die Tatsachen nicht zu rechtfertigen ist, verspielt Vertrauen. Sicher ist aber die Tatsache der Führung. Behaupten Sie Ihren Führungsanspruch auf je-

---

[67] Genauso wie die Planung der sozialen Beteiligung ist auch das Projektmanagement der Gestaltung der Veränderungsgeschichte systematisch nachgeordnet. Ob und welche Art von Projektmanagement, ob eine Veränderung überhaupt als Projekt geführt werden soll, ergibt sich aus der Geschichte. Unterschätzen Sie nicht die Transaktionskosten beziehungsweise den Ressourcenaufwand für die Reintegration der Projektstruktur in die Organisation der primären Leistungsprozesse. Als „Daumenregel" schlage ich vor: so wenig Projektorganisation wie möglich.

den Fall, auch wenn Sie selbst weniger sicher sind, als Sie es sich vielleicht wünschen. Seien Sie sichtbar, machen Sie Führung sichtbar. Führung muss für die Beteiligten als Orientierung sichtbar sein. Gerade wenn Strukturen und Abläufe als Landkarte nicht mehr zuverlässig sind.

Setzen Sie Zeichen der Macht. Moses nimmt die einflussreichsten Persönlichkeiten Israels mit sich zu einem Berg. Dort schlägt er mit seinem Stab, mit dem er schon das Meer geteilt hatte, gegen den Felsen, und es kommt Wasser heraus. Sichtbare Zeichen sind natürlich die bekannten Statussymbole Auto, Anzug, Arbeitszimmer. Für die Veränderung brauchen Sie Zeichen der Führung von Veränderung, der Stab, ein neuer Dresscode, ein Symbol, das Ihre besondere Art zu führen sichtbar macht. Setzen Sie Ihre Führungsmacht gezielt ein. Immer weniger als Sie in Wirklichkeit haben: Ein Gegner hat plötzlich eine neue verantwortliche Stelle in einem Stab und darf sich dort bewähren. Für das Veränderungsprojekt werden zusätzliche Ressourcen bereit gestellt.

Das Vertrauen in die Führung steht auf dem Prüfstein. Die Führungskrise ist eine Vertrauenskrise. Geplante Veränderung inszeniert die Führungskrise als Chance, neues Vertrauen zu gewinnen und Vertrauen zu rechtfertigen. Zeigen Sie Realismus, Macht und Verlässlichkeit. Zeigen Sie sich unbeirrbar.

Inszenieren Sie weitere kleine Krisen und Erfolge

Die Belastung durch die Veränderungsarbeit ist groß und kommt zum sowieso schon schwierigen Alltagsgeschäft hinzu. Die Zweifel wachsen, ob diese Mühen sich wirklich auszahlen werden. Bis zur Entscheidung im dritten Akt gilt es noch einen Weg zurückzulegen, auf dem die Beteiligten für die Veränderung gewonnen werden müssen. Es darf und muss einiges schief gehen nach dem ersten Erfolg. Sie wissen, der Weg zum Erfolg ist steiniger als viele der Beteiligten hoffen. Und nichts trägt auch mehr zum Fortschritt der Veränderung bei als kleine Erfolgsgeschichten, die von den Beteiligten weiter erzählt werden.[68] Dazu gibt es folgende Möglichkeiten:

---

[68] Das systematische Sammeln und Aufbereiten solcher Geschichten unterstützt die Dynamik von Veränderungsprojekten. Die Instrumente dazu habe ich in Storymanagement (2003), Seite 161-188, dargestellt.

1. Planung der nächsten Erfolge. Genau so wie den ersten Sieg planen Sie weitere kleine Siege: Für welche Fragen und Probleme lässt sich mit wenig Aufwand ein weiterer Erfolg erzielen? Wie kann ich sicherstellen, dass dieser Erfolg auch erreicht wird?
2. Fortschritte herausheben und offensiv kommunizieren. Der Fortschritt der Veränderung führt zu kleineren Krisen und Erfolgen, auch wenn diese nicht geplant sind.

Kleine Krisen können noch sorgfältig inszeniert werden. Sie dürfen die Fähigkeiten der Beteiligten nicht überfordern. Noch sind neue Abläufe und Strukturen nicht eingeführt. Vieles ist in Erprobung, kann noch angepasst werden. Eine große Krise und Bewährungsprobe würde das noch wenig robuste Veränderungsvorhaben zu Fall bringen. Krisen in Bezug auf Ressourcen, Überforderung von Personen oder sinkende Qualität der Leistung müssen von der Führung so weit gedämpft werden, dass sie überwindbar sind.

In dieser Phase ist es wichtig, dass die Beteiligten die ersten Schritte als erfolgreich erleben.

Israel droht eine Hungersnot, und Manna fällt vom Himmel. Wassermangel und Durst lassen das Volk gegen die Führung aufbegehren und Moses schlägt Wasser aus einem Felsen. Das festigt die Gruppe der Befürworter der Veränderung und ihre Gefolgsleute. In dieser Phase ist es weniger wichtig, was unterm Strich wirklich erreicht wird, als das, was die Beteiligten als erfolgreich erleben.

Entschädigen Sie die Verlierer der Veränderung

Auf der anderen Seite wächst in dieser Zeit der Unmut: einigen Beteiligten wird klar, dass sie wahrscheinlich mehr verlieren werden als gewinnen:

– Verlust an hierarchischem Status und an Privilegien
– Verlust der vertrauten Arbeitsumgebung und Routinen
– Verlust an Sicherheit durch mehr Marktkräfte im Unternehmen
– Verlust an Einkommen durch beschränkte Aufstiegsmöglichkeiten
– Verlust des Arbeitsplatzes durch Rationalisierungserfolge

Die Verlierer werden sich nicht fügen, jedenfalls nicht alle. Sie tragen die
schwerste Last der Veränderung. Der Verlust ist vielleicht auch der Preis
für falsch verstandene Loyalität zum Unternehmen, dass man sich nicht
früher nach Alternativen umgeschaut hat oder die Übernahme von Fort-
bildungskosten nicht durchgesetzt hat. Vielleicht ist das auch der Preis
für eine gewisse persönliche Unflexibilität, lieber so lange wie möglich
im Alten zu verharren als Neues anzupacken. Vielleicht mangelndes Gespür für die Veränderung der Werteordnung und die Veränderung der
Welt überhaupt. Verlierer sind vielleicht Idealisten, die schon einmal viel
in eine Verbesserung investiert haben, die eine Lösung für die letzten Jahre bereitstellte. Jetzt können sie nicht sehen, dass schon wieder eine neue
Veränderung notwendig ist.

Für einen Ausgleich mit den Verlierern zu sorgen, ist Ausdruck der Wertschätzung ihrer Leistungen in der Vergangenheit. – Wie können Sie Beteiligten, die an formellem Status verlieren, vielleicht informelle Anerkennung und Status geben? Wie können Sie für die Beteiligten neue in-
teressante Aufgabenfelder erschließen? Wie geben Sie Menschen, die ein
bisher nicht gekanntes Maß an Unsicherheit bewältigen müssen Unterstützung? Was sind Ruhepunkte und Inseln der Sicherheit, die Sie anbieten können? Und vor allem: Wie entschädigen Sie diejenigen, die
ihren Arbeitsplatz verlieren werden, damit sie sich noch einmal eine neue
Chance erarbeiten können? In welcher Art drücken Sie Ihre Wertschätzung für die Bewältigung der von ihnen geforderten Leistung aus?

Wie Sie mit den Verlierern umgehen, wird von allen Beteiligten sehr genau beobachtet. Die Entschädigung der Verlierer ist Gradmesser dafür,
wie ernst es Ihnen mit der Veränderung wirklich ist: Wollen Sie nur eine
andere Zahl in der Bilanz sehen, oder wollen sie die Herzen der Beteiligten erreichen? Auch wenn Sie natürlich nicht alle Verlierer von der Notwendigkeit der Veränderung überzeugen können, zahlt sich Großzügig-
keit hier aus. Die Gegner verlieren ein wichtiges Argument, die Verlierer
binden weniger Aufmerksamkeit, das Vertrauen in die Führung wächst.

Bilden Sie ein Veränderungsteam als Keimzelle der Zukunft

„Du aber sieh dich nach tüchtigen, gottesfürchtigen und zuverlässigen
Männern um, die Bestechung ablehnen." (Exodus 18, 21). Das Verän-

derungsteam ist die Keimzelle der neuen Organisation. Es muss in der Lage sein, sofort, wenn die Veränderung mit neuen Strukturen und Prozessen in Kraft tritt, die Führung zu übernehmen und für die Umsetzung zu sorgen.

Wann genau der richtige Zeitpunkt dafür ist, hängt auch davon ab, wie gut Sie die Menschen in Ihrer Organisation kennen. Wer nicht Protagonist und Pionier der konkret anstehenden Veränderung ist, gehört nicht hinein.

Das Veränderungsteam ist die Personifikation für den Willen und die Richtung, welche die Veränderung nehmen soll.

Personen stehen für die Standpunkte und die Verantwortung, die sie für die Veränderung (ein-)nehmen.

Externe Beraterinnen dürfen dazu gehören. Wenn irgendwie möglich, sollten Externe jedoch keine Führungsrolle bekommen. Die kurzfristigen Vorteile, am Anfang schneller voran zu kommen und eigene Managementressourcen zu schonen, wiegen die Nachteile in der Regel nicht auf. Externe Leitung bedeutet weniger Glaubwürdigkeit, Schwierigkeiten an den kulturellen Kontext der Organisation anzuknüpfen. Oft fehlt dadurch der Druck, das für die Veränderung notwendige Wissen im Unternehmen aufzubauen. Das kann zu ungesunden Abhängigkeitsbeziehungen führen und macht die Veränderung instabiler, als sie sein muss.

Das Veränderungsteam steht für die Zukunft. Personen, welche die Zukunft glaubwürdig vertreten und gestalten, sind zugleich die kommenden Führungsverantwortlichen. In der Organisation entsteht eine Parallelorganisation der Zukunft. Das muss keine abgespaltene Projektorganisation sein. Besser ist es, jetzt schon Personen in Leitungsverantwortung zu berufen, die glaubwürdig für die Zukunft stehen. Nur Personen von denen Sie überzeugt sind, dass sie in Zukunft Verantwortung tragen sollen, gehören in das Veränderungsteam! KOTTER[69] nennt vier Eigenschaften, die in Ihrem Veränderungsteam gelebt werden sollten:

---

[69] JOHN KOTTER (1996), Seite 57f.

- *Macht und Positionierung:* Sind genügend Schlüsselpersonen an Bord, so dass die Gegner der Veränderung den Prozess nicht so leicht blockieren können?
- *Fähigkeiten:* Menschen mit unterschiedlichen Kenntnissen und Perspektiven auf das Unternehmen, die nicht nur die unterschiedlichen Gruppen im Untenehmen binden können, sondern auch genügend Erfahrung und Wissen zusammenbringen, die Veränderung erfolgreich zu steuern?
- *Glaubwürdigkeit:* Gibt es genug Leute mit persönlicher Reputation im Team, die das Vertrauen vieler Beteiligter besitzen?
- *Leadership, Führerschaft:* Haben Mitglieder der Gruppe nicht nur die persönliche Glaubwürdigkeit, sondern sind auch erfahrene Führungspersönlichkeiten in Veränderungen?

Mit dem Ende des zweiten Aktes stecken die Beteiligten psychologisch gesehen bis über den Kopf in der Phase der Unsicherheit und Verwirrung. Der Aufbruch ist geschafft, ein erster Erfolg ist sichtbar, das Neue aber ist noch nicht wirklich wahrnehmbar. Weitere Krisen müssen überwunden werden, bevor die für die Umsetzung der Veränderung notwendige „kritische" Masse von Befürwortern und Promotoren erreicht ist. Die Spannung wächst: Wie können die für die Veränderung notwendigen (zusätzlichen) Ressourcen bereitgestellt werden? – Wird es der Führung gelingen wie Moses, der Brot vom Himmel regnen ließ und mit einem Stab Wasser aus einem Felsen schlug, die Voraussetzungen für einen Erfolg zu schaffen?

Und mit den Krisen und Schwierigkeiten wird die Führung selbst in Frage gestellt: „Warum hast du uns überhaupt aus Ägypten hierher geführt? Um uns, unsere Söhne und unser Vieh verdursten zu lassen?" (Exodus 17, 3)

Die Veränderung hat erst begonnen. Manches ist vielleicht schon organisiert. Vieles ist allerdings offen. Erste Erfahrungen werden mit der Veränderung gemacht, Gegner und Unentschlossene werden teilweise überzeugt werden können. Der Konflikt zwischen Neu und Alt, um den es geht, ist eingeführt: Wird es Israel gelingen, eine starke Identität in Freiheit und Selbstbestimmung als auserwähltes Volk zu gewinnen, oder bleibt es gefangen in Sklavenmentalität und Unterordnung?

Wichtige Punkte für den zweiten Akt

- Sprungbrettgeschichten der Veränderung finden
- Eine passende Veränderungsarchitektur gestalten
- Die Machtfrage vermeiden
- Den ersten Sieg erringen
- Es gibt keine Umkehr mehr
- Kleinere Krisen und Erfolge inszenieren
- Verlierer großzügig entschädigen
- Das Veränderungsteam bilden

> Du weißt doch, wie böse das Volk ist.
>
> Exodus 32, 22

Dritter Akt: Die Entscheidung und die neuen Gebote

Ressourcen, Finanzen und Mitarbeiter sind bereitgestellt. Die Kraft reicht aus. Im Mittelpunkt des dritten Aktes steht die Entscheidung für die Realisierung des Neuen. Sie ist der Höhepunkt des Spannungsbogens. Das heißt nicht, dass danach alles klar ist. Krisen und Prüfungen in der Folge der Entscheidung müssen erst zeigen, ob die Veränderung wirklich funktioniert.

Eine Entscheidung wird notwendig, mit der die Führung ihren Anspruch vertritt und Klarheit schafft: Die Veränderung wird genau in dieser Weise realisiert. Das Neue, die neue Ordnung wird eingeführt. Es gibt eine verlässliche und vor allem durchsetzbare Planung. Die Projektstrukturen sind transparent. Der Blick geht jetzt voraus.

Die Führungsinterventionen des zweiten und dritten Aktes sind darauf gerichtet, die Erfolgsbedingungen für die Umsetzung zu erfüllen. Führung ist unglaubwürdig, wenn sie nicht auch die Umsetzungsmacht hat. Das ist in politischen und politisch beeinflussten Organisationen wie öffentliche Einrichtungen und Verwaltungen gravierender als in Wirtschaftsunternehmen. Spielt aber auch hier eine große Rolle. Beteiligte Mitarbeiter finden (immer) Wege, Veränderungsprozesse scheitern zu lassen, wenn sie es wollen.

Entscheidungen in Organisationen sind Entscheidungen von Organisationen. Es braucht eine „kritische Masse" der Verantwortung und der
Macht, dass sie auch umgesetzt und realisiert werden.

Die entscheidenden Personen („key players") müssen sich entweder auf
die Seite des Neuen stellen oder abtreten.

Ein Fehler linearer Schritt-für-Schritt-Vorstellungen von Veränderungsprozessen ist: Die „Entscheidung" kommt zu früh. Sie wird als die Verkündigung eines Vorhabens, über das entschieden worden ist, an den Anfang gesetzt. Dann geht es nur noch um die Abarbeitung der „Umsetzung". Der Rückhalt, die kritische Masse und die notwendige Macht sind
oft noch nicht erreicht. Die Realitätsprüfungen des zweiten Aktes fehlen.
Spannend daran ist nur noch, zu welchem Zeitpunkt und wie die Sache
scheitert. Wann werden sich ihre Protagonisten aufgerieben haben? Wann
werden „wir" ihnen gezeigt haben, dass Veränderung nicht funktioniert?

Aus narrativer Sicht, Veränderung als Geschichte zu führen, ist „die Entscheidung" der Höhepunkt des Spannungsbogens. Hier entscheidet sich,
ob die Veränderung wirklich realisiert werden kann. Je später die Entscheidung fällt, desto größer sind die Chancen, möglichst viele Beteiligte mit auf den Weg zu nehmen und an den Früchten der Veränderung teilhaben zu lassen. Je mehr schon vor der eigentlichen Entscheidung umgesetzt wurde, desto glaubwürdiger wird sie sein. Kein Argument überzeugt mehr als die schon erreichten Erfolge.

Die Zeitdauer des dritten Aktes ist in der Regel kurz: Entscheidung, Einsetzung der neuen Regeln und Strukturen, harte Schnitte werden in einem vollzogen. Diskussionen, die vorher versäumt wurden, können jetzt
nicht mehr nachgeholt werden. Beteiligte, die Sie vielleicht noch gerne für
die Veränderung gewonnen hätten, bleiben jetzt endgültig ausgeschlos-
sen.

Führen Sie die Verlierer der Veränderung zur Anerkennung der Realität

Der Erfolg Ihres Veränderungsvorhabens entscheidet sich bei den Verlierern und Verlusten. Moses bringt den Pharao letztlich durch eine ein-

fache Rechnung dazu, das Volk Israel ziehen zu lassen: Schau, wenn du
uns weiter gefangen hältst, werden deine Verluste durch die Plagen, die
dir unser Gott schickt, weit höher sein als dein Gewinn, den du durch
unsere Sklavenarbeit erwirtschaftest. – Das ist eine Möglichkeit, Verlierer der Veränderung zu führen: Die Nachteile für den Verlierer werden
noch größer, wenn er gegen die Veränderung Widerstand leistet.

Jede Veränderung hat ihre Verlierer. Das sind oft diejenigen, die von der
Aufrechterhaltung des jetzigen Zustands am meisten profitieren. Das
können auch Menschen sein, die erst von den Folgen oder Auswirkungen einer Veränderung betroffen werden. Verlierer sind Kunden, die
plötzlich nicht mehr die gewohnten Leistungen erhalten, Mitarbeiter, die
neue Aufgaben wahrnehmen müssen, oder deren Status sich ändert. Ja
vielleicht werden Sie selbst etwas verlieren, zumindest lieb gewonnene
Gewohnheiten, vielleicht eine sichere Perspektive.

Legen Sie etwas mehr in die Waagschale, machen Sie eine Rechnung auf
die Zukunft auf. Dennoch bleibt oft das Dilemma, dass aus der Sicht des
Betroffenen der individuelle Verlust mehr wiegt als der Gewinn für das
Gesamtunternehmen. Das gilt besonders für den Verlust des Arbeitsplatzes oder auch für die Herabstufung des Mitarbeiters. Diese subjektive Wahrheit, auch wenn objektiv gesehen daraus ganz neue Möglichkeiten und Chancen entstehen, sollten Sie akzeptieren. – Ich kenne viele
Führungskräfte, die zu einem Zeitpunkt, wenn die Verluste langsam klar
sind, immer noch von einer goldenen Zukunft für alle sprechen, um gute
Stimmung zu verbreiten. Das wirkt unglaubwürdig und zynisch, nicht
nur für die Verlierer.

Veränderung, die verändert, braucht auch schlechte Gefühle der Nie-
dergeschlagenheit und Enttäuschung.

Wundern Sie sich nicht, wenn es zu heftigen Gefühlsausbrüchen und
Überreaktionen kommt. Im Bewusstsein der Verlierer steht der Verlust
im Mittelpunkt und nicht die Veränderung und die sich in Zukunft eröff-
nenden neuen Möglichkeiten. Anerkennen und wertschätzen Sie die Gefühle der Betroffenen als Ausdruck ihrer momentanen Situation. Akzeptieren Sie auch den Ärger, Übellaunigkeit oder Rückzug von Beteiligten,
die durch die Veränderung verlieren.

Unterstützen Sie die Verlierer bei ihrer Realitätswahrnehmung: Was habe ich genau verloren? Welche Auswirkungen hat das für mich? Wofür kann ich eine Kompensation bekommen? Wofür nicht? Welche Unterstützung bekomme ich vom Unternehmen, diesen Verlust zu überwinden?

Gewinnen Sie die „kritische Masse"

Die für den Erfolg einer Veränderung kritische Masse der Beteiligten ist keine parlamentarische Mehrheit, sondern die politische Mehrheit für die Durchsetzung und Realisierung. Wichtig ist, formelle und informelle Meinungsführer, die Zentren der Macht im Unternehmen, zu überzeugen. „Kritisch" bedeutet, für die Umsetzung der Veränderung „kritisch": Genügt die Zahl und Qualität der Verantwortungsträger und Gefolgsleute unter den Beteiligten, die Veränderung auch zu realisieren? Wie Sie die kritische Masse gewinnen, zeigt folgende Abbildung.

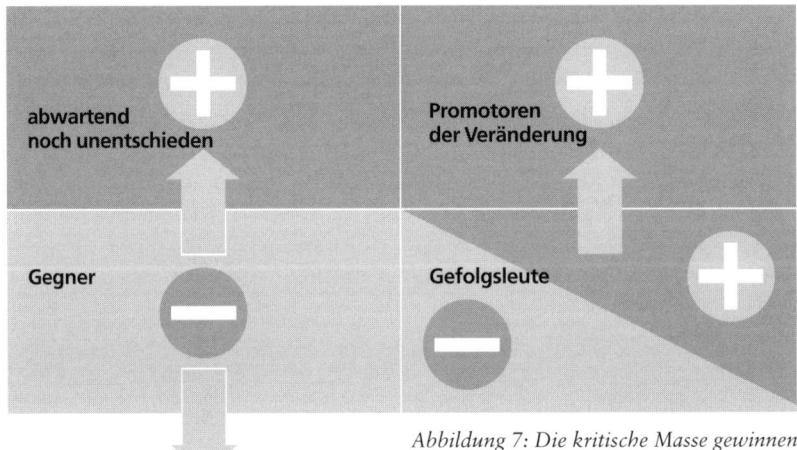

Abbildung 7: Die kritische Masse gewinnen

– Gegner sollen der Zahl nach möglichst reduziert werden oder wenigstens still halten. Neben guten Argumenten hilft hier vor allem Zuhören. Oft halten Gegner die Veränderung sogar für richtig und gut, befürchten aber negative Konsequenzen für sich selbst und ihre Gefolgsleute. Unverbesserliche Gegner können Sie durch Kompensation, Ausgleich ihrer Verluste gewinnen, oder Sie stellen weit gravierendere Konsequenzen in Aussicht. Natürlich nur wenn sie bereit und fähig sind, diese auch durchzusetzen.

– Gefolgsleute sowohl der Gegner als auch der Promotoren sowie Abwartende sollen vom Sinn der Veränderung überzeugt werden. Am besten werden Sie selbst Promotoren. Zumindest sollten sie sich loyal verhalten. Hier sind „Drohungen" völlig fehl am Platz. Im Gegenteil, sie würden hier zu einem Rückzug der Beteiligten aus der Verantwortung führen. Gefolgsleute und Abwartende brauchen wiederholt kleine Erfolgserlebnisse, um sich anzuschließen oder „bei der Stange" zu bleiben. Promotoren verkörpern und führen die Veränderung am eigenen Beispiel. Sie merken in der Zusammenarbeit, wer zu größeren Aufgaben tauglich ist. Achten Sie hier besonders auf die informellen Meinungsführer, die auch ohne Verwurzelung in einer Hierarchie viele Beteiligte binden können.

– Die Gefolgsleute der Gegner sollen auf die eigene Seite gezogen werden. Gefolgsleute brauchen ein Angebot, dass es für richtiger, zuträglicher, vielleicht sogar einträglicher ist, sich auf die Seite der Veränderung zu schlagen. Sie brauchen das Gefühl, dass ihre Unsicherheit und ihre Befürchtungen ernst genommen werden.

Für die unterschiedlichen Gruppen braucht es unterschiedliche Vorgehensweisen. Begründungen, Ziele, Risiken und Erfolgsgeschichten kommunizieren Sie allen Beteiligen. Gespräche mit festgefahrenen Gegnern über Angebote und Konsequenzen führen Sie am besten unter vier Augen, genau so wie mit Beteiligten, die Sie als Verantwortungsträger und Promotoren gewinnen wollen.

Setzen Sie explizit die neuen Regeln ein

Jetzt ist die Zeit der Entscheidung. Es gibt ein klares Bild der Zukunft. Die kritische Masse ist von der Notwendigkeit der Veränderung überzeugt. Fragestellungen und Herausforderungen sind breit diskutiert worden. Ziele und Lösungen für die Regelung neuer Strukturen und Prozesse sind in angemessener Qualität mit der angemessenen Beteiligung der Beteiligten diskutiert und erarbeitet. Die Machtbasis der Führung reicht aus, jetzt die Umsetzung mit Aussicht auf Erfolg voran zu bringen.

Moses steigt vom Berg Sinai herab mit einer neuen Sozialordnung für Israel. Die Zehn Gebote umfassen nicht nur ethische Grundsätze, sondern auch Regeln für Familien-, Recht- und Wirtschaftsordnung. Der Ablauf der Jahresfeste und des Kultes wird geregelt. Mit der Einsetzung der neuen Ordnung ist entschieden, wie die Zukunft aussehen soll.

Das ist der Anfang des Neuen. Sagen Sie jetzt klar, was gilt und was nicht mehr gilt. Natürlich wird es im Detail noch Änderungen geben. Im Unternehmen müssen erst Erfahrungen mit den neuen Regeln gemacht werden; und manches wird daraus noch mal im Detail überarbeitet werden müssen. Die Grundsätze allerdings stehen unverrückbar: Abteilungen sind aufgelöst zugunsten einer Prozessorganisation mit Prozessverantwortlichen. Das alte Geschäftsmodell ist abgelöst vom Produktions- zum Serviceunternehmen. Marketing verschmilzt mit der Produktentwicklung. Die beiden Unternehmen schließen sich zu einer neuen Firma mit dem Namen „New Com" zusammen.

Vielleicht brauchen Sie Übergangsregeln, detaillierte Festlegungen, wie der technische Übergang der alten Organisation in die neue geschafft werden soll. Welche Voraussetzungen der Infrastruktur und der Informatik noch realisiert werden müssen. Der Übergang kann mit einer Projektorganisation unterstützt werden. Mit der Entscheidung tritt allerdings die neue Führungsstruktur auf jeden Fall in Kraft. Was vorher vielleicht als Projektleitung parallel funktionierte, ist jetzt die normale Organisation.

Im Zentrum steht die Entscheidung. Sie kann nicht mehr rückgängig gemacht werden. Die neue Organisation kann nur noch scheitern. Viele Veränderungen scheitern wegen ungenügender Vorbereitung, andere wegen mangelnder Durchhaltekraft bis zu ihrer Verwirklichung. Die Veränderung wird überhaupt nicht stattfinden, wenn es nicht eine klare Entscheidung zu einem bestimmten und bestimmbaren Zeitpunkt gibt, die neuen Regeln einzusetzen.

Harte Schnitte kommen sofort nach der Entscheidung

Die Entscheidung der Führung und für die Führung zieht eine Krise nach sich. Das ist selbst bei einer Konsensentscheidung aller Beteiligten so, da jeder für sich und in sich auch wieder unterschiedliche Regungen und Sichtweisen hat. Gerade haben Sie sich entschieden, schon kommen die heftigsten Zweifel. Die Gegner melden sich noch einmal lautstark zu Wort. Das ist die letzte Möglichkeit, die Veränderung doch noch zu verhindern. Alle Kräfte der Gegner werden noch einmal mobilisiert. – Diesen Sieg müssen Sie erkämpfen! ... Jetzt, erst jetzt, werden Gegner öffentlich gemacht. Der Kampf ist bestenfalls vorbei, ehe er öffentlich angefangen hat. Die neuen Verantwortlichen sind ... Folgende Personen müssen wir leider aus unserem Unternehmen verabschieden.

„Vom Volke fielen an jenem Tag gegen dreitausend Mann." (Exodus 32, 28). Während Moses auf dem Berg die Gebote Gottes entgegennahm, hatten sich die Gegner formiert. Mit einem klugen Schachzug hatte sich Aaron an deren Spitze gestellt und ihnen dadurch die Spitze genommen. Beim Anblick des „Tanzes um das goldene Kalb" als neuem Gott gerät Moses in heiligen Zorn: „Wer für den Herrn ist, her zu mir!" (Exodus 32, 26) Mit einer blutigen und drakonischen Maßnahme werden die Gegner ausgeschaltet.

Eine letzte Möglichkeit wird gegeben, sich auf die Seite der Veränderung zu stellen oder wenigstens die aktive Gegnerschaft einzustellen. Gott sei Dank haben wir gelernt, in unseren Unternehmen und Organisationen, Veränderungen weniger „blutig" durchzusetzen. Ja, für die Qualität einer Veränderung spricht, wenn es möglichst wenige „Opfer" gibt und möglichst viele der Beteiligten die Veränderung mittragen. Dann wird ihre Realisierung mit weniger Krisen verbunden sein und werden auch Ressourcen schonender geführt werden können. Nicht Opfer erzählen dann ihre Opfergeschichten, die sich zehnmal schneller verbreiten als die Erfolge, sondern überzeugte Promotoren ihre guten Geschichten der Veränderung. Personen, die das Unternehmen verlassen, sind mit kleineren Abfindungen zufrieden. Neue Stellen können mit den bewährten Kräften besetzt werden.

Harte Schnitte vorzunehmen bedeutet, die gefällten Entscheidungen, ob in kleinem Team oder durch einen unternehmensweiten Abstimmungsprozess getroffen, unverzüglich und entschlossen umzusetzen. Und ein harter Schnitt bleibt dennoch ein Schnitt, der wehtun kann und auch wehtut. Das Alte ist jetzt unwiderruflich Vergangenheit. Eine neue Geschichte hat begonnen.

Sagen Sie klar, was in Zukunft nicht mehr geht und worauf Sie weiterhin bauen

Entschlossenheit bedeutet auch, das Wichtige vom weniger Wichtigen zu unterscheiden. Für Moses steht im Mittelpunkt die Regel der persönlichen Verantwortung des Menschen vor Gott. Die bisher üblichen magischen Praktiken, Geschäfte mit dem Schicksal zu machen, mit Opfern an Gut und Geld sich frei zu kaufen, sollten nicht mehr ausgeübt werden. – Was nicht mehr geht, ist, dass Produktentscheidungen ohne das Votum des Verkaufs getroffen werden, dass Kunden als Kunden des jeweiligen Standorts geführt werden, dass über einen Versicherungsvertrag im Innendienst entschieden wird, dass interne Leistungen ohne Verrechnung geliefert werden.

Die neuen Regeln müssen weiter interpretiert werden. – Was bedeutet das für unser Team? Welches konkrete Verhalten folgt daraus? Am Anfang dieses länger dauernden Prozesses hilft ein deutliches Nein zu nicht mehr erwünschtem Verhalten.

Manche Unternehmen investieren in das Coaching ihrer (neuen) Führungskräfte, damit diese möglichst schnell lernen, die neuen Regeln in ihrem eigenen Verhalten umzusetzen und vorzuleben. Das ist vor allem nützlich, wenn es um Transformationen oder Turnarounds geht, mit denen Sie relativ schnell geschäftliche Ergebnisse erzielen wollen.

Doch geht es nicht allein um das von außen wahrnehmbare Verhalten. Die eigene Überzeugung vom Sinn der Umgestaltung der eigenen Arbeit muss hart erworben werden. Meine lieb gewonnenen Gewohnheiten und Routinen, meine guten Erfahrungen, die Anstrengung und Konzentration, die es kostet, neue Verhaltensweisen zu erproben, das spricht alles dagegen. Da hilft eine Führungsintervention, die mir erstmal klar sagt: Nein!

Doch vieles bleibt, wie es ist, vielleicht sogar mehr als das, was sich ändert und ändern lässt. Menschen in Veränderungen brauchen Inseln der Fortdauer des Alten. Das ist die andere Seite des Veränderns, solche Zonen der Stabilität zu schaffen: Stabilität in den Personen, die Führungsrollen haben, Stabilität der Werte der Kommunikation und des Umgangs, Stabilität bei den Kunden oder bei der Zielgruppe, die man bedienen möchte. Zur Kunst des Veränderns gehört, zu unterscheiden, was bleiben soll und darf und was anders werden muss.

Und auch Moses wusste, dass die Verbundenheit mit den alten Gebräuchen der Sklaverei nicht von heute auf morgen verschwinden würde. Die Opfer wurden also in einen neuen Rahmen gestellt: Glaubte man früher, die Götter mit einem Opfer bestechen zu können, waren jetzt Opfer freier Ausdruck der Frömmigkeit zur Ehre Gottes. Alte Verhaltensweisen werden in einen neuen Rahmen gestellt und bekommen dadurch eine neue Bedeutung.

Die Kommunikation in der Krise muss vor allem Klarheit und Orientierung geben: Ja und Nein.

Die Kommunikation der zwei Seiten der Veränderung, ein klares Nein verbunden mit einem Ja zu Werten oder Grundsätzen und dem neuen Rahmen unterstützt die Beteiligten bei der klaren Entscheidung, was geht und was nicht. Zwischentöne sind hier fehl am Platz.

Symbolisieren Sie den Neuanfang

Das sind die beiden zentralen Übergänge einer Veränderungsgeschichte, welche die Beteiligten gemeinsam bewältigen müssen: Abschied und Neuanfang. Darin unterstützen Rituale und Symbole. Symbole sind den Erlebnissen, denen sie entspringen, so nahe, dass ihre Bedeutung für die Beteiligten offenkundig ist, ja mit dem ursprünglichen Erlebnis „zusammenfallen" (griechisch: symbolein) kann.

Der Mythos der Bundeslade beflügelt bis heute die Phantasie von Schriftstellern und Filmautoren. Nach der Bibel wird sie von Moses höchst persönlich gefertigt, um die Gesetzestafeln mit den Zehn Geboten aufzunehmen. Wie ein großes Geheimnis wird sie hinter einem Vorhang in einem großen Zelt verhüllt. „Dann verhüllte die Wolke das Offenbarungszelt ... Immer, wenn die Wolke sich erhob, brachen die Israeliten auf, solange ihre Wanderung dauerte. Wenn sich die Wolke aber nicht erhob, brachen sie nicht auf" (Exodus 40, 34–37).

Die symbolische Handlung konzentriert die Aufmerksamkeit der Beteiligten auf die vorliegende Aufgabe, die Veränderung auch zu realisieren: Die Geschäftsleitung verlegt ihre Büros aus dem glänzenden Verwaltungsgebäude in einen nüchternen Zweckbau. Arbeitszeitregeln werden offiziell aufgehoben; jeder arbeitet so viel er will und richtig findet. Ein Symbol für den Neuanfang kann auch etwas bisher nicht für möglich Gehaltenes sein: Der Firmenparkplatz wird wieder in eine Grünfläche verwandelt. Der Hauptsitz des Unternehmens wird nach Kleinstdorf im Schaffenwald verlegt. Für die sich jetzt entwickelnde neue Identität spielen Symbole eine wichtige Rolle. Wenn Sie keine finden, werden die Beteiligten welche finden und gestalten. Das kann passen oder mit einem „Tanz um das goldene Kalb" enden.

Gestaltung und Wahl der Symbole ist vorrangige Führungsaufgabe: Das Zusammengehen ist eine klare Übernahme; das alte Unternehmensdesign wird eins zu eins übernommen. Wir sind ein nachhaltig wirtschaftendes Unternehmen; unseren Bilanzbericht legen wir nur jährlich vor. Symbole und symbolische Handlungen nehmen in gewisser Weise voraus, was noch nicht realisiert ist: Wer werden wir sein, wenn die Veränderung umgesetzt ist?

Elemente eines Symbols für den Neubeginn

1. Das Symbol für einen Neubeginn nimmt das Ergebnis der Veränderung schon voraus. Es erhält seine Bedeutung vom Ende der Geschichte.
2. Ein wirksames Symbol für den Neubeginn konzentriert die Aufmerksamkeit der Beteiligten auf das Neue.
3. Das Zeichen wird gesetzt in einem Gemeinschaftsereignis. Die Beteiligten können sich als gemeinschaftliches Subjekt der Veränderung wahrnehmen.

Der Akt der Entscheidung ist der Moment der höchsten Energie im Veränderungsprozess. Es geht um die Macht. Doch ist der Neuanfang damit noch nicht erreicht, der Sieg noch nicht endgültig errungen. Im Gegenteil, es folgt die Zeit der Krisen und Verwirrung im vierten Akt. Immer wieder ist das Neue in Frage gestellt und muss sich bewähren, bevor es von den Beteiligten wirklich geteilt wird und eine neue Identität entstanden ist.

Wichtige Punkte für den dritten Akt

- Die Verlierer zur Anerkennung der Realität führen
- Die kritischen Masse gewinnen
- Die Entscheidung fällen und die neuen Regeln einsetzen
- Harte Schnitte zuerst umsetzen
- Krisenkommunikation ist schwarzweiß
- Symbol(e) für den Neubeginn schaffen

> Du sollst an den ganzen Weg denken,
> den der Herr dich während dieser vierzig Jahre in der Wüste geführt hat ...
> Er wollte erkennen, wie du dich entscheiden würdest.
> Deuteronomium 8, 2

Vierter Akt: Realisierung, der Weg durch die Wüste

Die Dynamik und Geschwindigkeit der Umsetzung hängt ab von der Komplexität des Vorhabens und von der Qualität der Vorbereitung. Dazu kommen vielleicht unvorhersehbare Ereignisse, welche die Realisierung der Veränderung fördern oder hemmen.

Nach der Zeitrechnung in der Bibel dauert die Realisierung insgesamt vierzig Jahre lang, bis die neuen Regeln im Zusammenleben der Israeliten verwirklicht und gelebt werden.

Wahrscheinlich ist die Reise immer länger und beschwerlicher, als wir uns am Anfang vorgestellt haben. Wir hätten vielleicht sonst gar nicht den Mut gehabt aufzubrechen. Viele Dinge, die sonst gut funktioniert haben, funktionieren plötzlich nicht mehr: Kunden sind nicht informiert. Fehler und Qualitätsmängel häufen sich, rätselhafte IT-Probleme tauchen auf. Oft gehen Dinge schief, die überhaupt nicht von der Veränderung betroffen sind. Andere Probleme sind schon erklärbar: Die neuen Prozesse funktionieren noch nicht richtig. Informationen werden nicht weitergegeben, weil die neuen Rollen noch nicht für alle klar sind. Es gibt Verwechslungen. Die hohe Arbeitsbelastung führt zu Unzufriedenheit. Manchmal entsteht auch Streit und Ärger von Mitarbeitern, die sich ungerecht behandelt fühlen. Man möchte es dem Unternehmen heimzahlen. Die Produktivität sinkt.

Für die Führung von Veränderungen ist das die härteste Zeit. Die Krisen[70] häufen sich unausweichlich. Und sie sind kaum oder schwer vorhersehbar. Nicht nur, weil trotz systematischem Risikomanagement nicht an alles gedacht werden kann, sondern weil viele Beteiligte sich noch nicht wirklich für das Neue entschieden haben. Bisher verborgene Widersacher erheben sich, machen sich Unzufriedenheit und Unsicherheit der Beteiligten zu nutze, wenn es mal nicht recht voran geht oder neue Risiken drohen. Vielleicht hat die Führung auch etwas zu viel versprochen, was jetzt nicht eingehalten werden kann.

Jetzt wird robustes Krisenmanagement unterstützt durch die Gestaltung organisatorischer Lernprozesse, die helfen, Fehler zu minimieren und möglichst schnell abzustellen und neue erfolgreichere Handlungsmuster auszuprägen. Aktive Gestaltung und Dynamisierung des notwendigen Kulturwandels erleichtern den Beteiligten schnelle und wirksame Neuorientierung ihrer Handlungsregeln und Wertvorstellungen.

Irgendwann nach der Entscheidung, nach kürzerer oder längerer Zeit, gibt es einen Umschlagpunkt: Die Beteiligten sind sicher, dass sie ihre Ziele erreichen werden. Oft ist der Umschlagpunkt nicht so genau bestimmbar. Irgendwie gibt es eine neue optimistischere Stimmung. Die Überzeugung setzt sich durch, dass die Veränderung richtig war und zu einem guten Ende führt. In der Mosesgeschichte hat das Volk die neue Ordnung überwiegend angenommen. Dennoch folgen weitere Krisen und Konflikte. Bevor die Veränderung realisiert ist, müssen die neuen Re-

---

[70] Veränderung als Geschichte beschreibt auch eine Systematik der Krisen. (1) Krisen im zweiten Akt eskalieren den thematischen Grundkonflikt der Veränderung. Diese können in bestimmter Weise vorausgesehen und auch bewusst inszeniert werden. (2) In der Entscheidungskrise im dritten Akt geht es ums Ganze. Hier sollten Sie besonders auf den optimalen Zeitpunkt achten, wenn die kritische Masse gewonnen ist und Sie auch die Macht haben, die Entscheidung durchzusetzen. (3) Die Krisen im vierten Akt sind in der Regel nicht vorhersehbar. Hier bewährt sich ein robustes Krisenmanagement. Vergleiche Abbildung 5 Seite 60.

geln und das neue Verhalten auch gelebt werden. Die Sache ist noch nicht ausgestanden. Ob die Veränderung gelingt, bleibt unsicher bis zum Anfang des fünften Aktes, wenn mit dem Übergang über den Jordan das Gelobte Land in Reichweite liegt.

Um möglichst bald an den Umschlagpunkt zu kommen und den Aufwand an Ressourcen für die Umsetzung der Veränderung zu begrenzen, muss die Veränderung von den Beteiligten als sinnvoll erlebt werden.

Die Veränderung macht nicht nur für das Unternehmen einen guten Sinn, sie ist auch sinnvoll für mich.

Ich bin bereichert von den neuen Kontakten und Menschen. Ich gewinne eine neue Sichtweise auf meine Arbeit. Es gelingt mir, meine Ideen und Werte zu verwirklichen. Ich leiste einen wertvollen Beitrag zu einer veränderten Welt.

Machen Sie Ihre Mitstreiter zu Helden ihrer eigenen Geschichte

Der Held einer Geschichte ist eine Person, die ihre eigenen Pläne und Vorstellungen realisiert, und dabei Hindernisse und Widerstände überwindet. Die Abenteuer des Odysseus sind das klassische Beispiel einer Heldengeschichte. Erst nachdem er viele Abenteuer bestanden hat, kann der Held sein Ziel erreichen.

Jede Veränderung erzeugt und braucht viele individuelle Helden[71], welche die Realisierung mittragen. Die Veränderung in der Organisation ist auch meine persönliche Veränderung, die ich selbst durchleben muss und will. Ich bekomme eine neue persönliche Bedeutung für mein Leben und meine Arbeit. Beteiligte, die in der Veränderung Bedeutung für ihre eigene Geschichte bekommen, werden zu Promotoren und aktiven Unterstützern: die Veränderung wird wichtig für ihr eigenes Leben.

---

[71] Die zur Zeit gebräuchliche Rede vom „postheroischen Management" macht darauf aufmerksam, dass Manager, die sich aus eigener Eitelkeit für die Autonomiewünsche ihrer Mitarbeiter als Projektionsflächen zur Verfügung stellen, für den Erfolg in komplexen Organisationen eher kontraproduktiv sind. Helden werden natürlich weiterhin gebraucht. Jede und jeder ist Heldin und Held der eigenen Geschichte. Erfolgreiche Führung macht die Beteiligten zu Helden ihrer gemeinsamen Geschichte.

- Betonen Sie bei allen sich bietenden Gelegenheiten, die Wichtigkeit jedes Einzelnen für das Gelingen der Veränderung. Erzählen Sie Geschichten und Beispiele dazu.
- Geben Sie den Beteiligten Raum und Möglichkeit, von ihren eigenen Erfahrungen zu erzählen. Kommunizieren Sie solche Heldengeschichten im ganzen Unternehmen.
- Identifizieren Sie die Helden ihrer persönlichen Geschichte, die auch Helden der Veränderungsgeschichte sind und entscheidend zur Verwirklichung der Veränderung beitragen. (Na ja, vielleicht nicht unbedingt „Held der Arbeit".) Anerkennung und Würdigung beeinflussen entscheidend die Selbstdeutung der Beteiligten: Was mein Beitrag wirklich ist, erfahre ich letztlich nur durch die Anerkennung von anderen.

Aufbau einer Heldengeschichte

Eine Heldengeschichte hat in der Kommunikation nicht mehr als sieben Sätze. Vielleicht sollten Sie es vorziehen, keine Namen zu nennen. Es muss aber glaubwürdig sein, dass sich die Geschichte so abgespielt hat. Wichtig ist die Andeutung der inneren Auseinandersetzung.

- Die Protagonistin befindet sich in einer verfahrenen und gefährlichen Situation. Zumindest stellt sie in Frage, ob das Ziel überhaupt erreicht werden kann. Wenn keine Lösung erreicht wird, würde das zumindest einen Rückschlag bedeuten. (Odysseus ist durch einen Sturm vom Wege abgekommen.)
- Die Heldin steht vor der Entscheidung, entweder zu verzagen und zu verzweifeln oder sich mit der Situation abzufinden und sich zu überwinden, um doch wieder den richtigen Weg zu finden.
- Es gibt eine (innere) Auseinandersetzung über grundlegende Werte und bisher gültige Verhaltensmuster: die bisherigen Grenzen der eigenen Leistungsfähigkeit zu überwinden, den eingefleischten Glaubenssatz von der Überlegenheit zentraler Lösungen beiseite legen, die bisherige Regel der Technik außer Kraft setzen, für den positiven Wert des Vertrauens in den Kunden ein Beispiel geben.
- Wenn die Heldin in der (inneren) Auseinandersetzung den richtigen Weg wählt und die Werte der Leistung, der Gemeinschaft, der Innovation und des Vertrauens obsiegen, entsteht auch eine Lösung für den Veränderungsprozess.

Eine Heldengeschichte ist eine moralische Geschichte. Nichts ist daher gefährlicher für die Motivation und das Vertrauen der Beteiligten wie eine falsche oder unglaubwürdige Geschichte. Jeder Hauch von Zynismus verkehrt die Wirkung in das Gegenteil. Die Veränderung scheint plötzlich sinnleer oder überflüssig. Für die glaubwürdige Erzählung von Heldengeschichten braucht es große Sensibilität und Glaubwürdigkeit.

Gestalten Sie den Kulturwandel aktiv

In den Erlebnissen und Geschichten der Beteiligten bilden sich die Werte und Handlungsmuster der neuen Kultur. Skeptiker und Widersacher der Veränderung erzählen natürlich gerne ihre Geschichten, was wieder alles nicht geklappt hat. Misserfolge, Ungerechtigkeiten. Manche beklagen sich über die „Verschlechterung" ihrer Arbeitsbedingungen und finden Beispiele, warum die neuen Regeln nicht funktionieren können. Machen Sie sich deshalb systematisch auf die Suche nach den positiven Geschichten der Veränderung!

Anfang der 90er Jahre hungerten 60 bis 70 Prozent aller vietnamesischen Kinder. Das Spiel war in den Jahren vorher immer das gleiche gewesen: Lebensmittellieferungen aus dem Ausland wurden gerne angenommen und auch aufgegessen. Dennoch blieben viele Kinder unterernährt, und sobald die Lebensmittellieferungen aufhörten, war sofort wieder der gleiche Zustand wie zuvor erreicht. Mitarbeiter einer US-amerikanischen Hilfsorganisation fanden heraus, dass es Familien und ganze Dörfer gibt, die zwar genau so arm sind, deren Kinder aber signifikant weniger unter Mangelernährung litten. Die genauere Untersuchung ergab, dass die Mütter ihre Kinder anders ernährten: Die Kinder bekamen drei Mal am Tag kleine Portionen Reis zu essen und nicht ein Mal wie sonst üblich. Außerdem gaben die Mütter kleine Eiweißgaben, eine Krabbenart, die sie auf den Reisfeldern sammelten, dazu und auch Kräuter und Gräser. Daraus wurde eine der erfolgreichsten Hilfsaktionen, die von dieser Organisation jemals durchgeführt wurden: Die Erfahrungen der Mütter wurden systematisch aufgenommen. Die Frauen selbst wurden ausgebildet, ihre Erfahrungen weiter zu erzählen, und andere Frauen darin zu unterweisen, wie sie ihre Kinder besser ernähren konnten.[72]

---

[72] Diese Geschichte finden Sie in: DAVE ULRICH u. a. (2003): The Change Champion's Fieldbook, im dritten Kapitel.

Finden Sie die positiven Ausnahmen. Geben Sie systematisch Raum und Möglichkeit, die Erfolgsgeschichten zu erzählen und weiter zu erzählen. Dann werden die Ausnahmen zur Regel werden. Hier geht es nicht um Hochglanz oder außergewöhnliche Erzählkunst. Gefragt ist nicht die literarische Qualität, sondern die Glaubwürdigkeit gelebter Werte und erfolgreichen Handelns. Geschichten sind Erfahrungen und Erfahrungen sind Geschichten. Der Prozess des Erzählens und Weitererzählens prägt die in den Geschichten erzählten Werte und Handlungsmuster tief in die Seele ein. Darum sind Geschichten so wirksam wie kein anderes Instrument, den jetzt anstehenden Kulturwandel zu fördern und zu dynamisieren.[73]

Finden und erzählen Sie die neuen Geschichten: An welchen Ereignissen wird wahrnehmbar und entscheidet sich, ob die Veränderung erfolgreich ist? – Unsere Kunden sind bereit, höhere Preise zu bezahlen. Wir können Preise senken. Mitarbeiter, die nicht zu uns passen, verlassen uns freiwillig. Bei Managementfehlern gibt es kein großes Geschrei, sondern Vertrauen in schnelle Lösungen.

Der Möglichkeitsraum für Veränderung (englisch: „change capacity") ist die direkte Ableitung vom Sinn, den eine Veränderung für die einzelnen Beteiligten macht: Was ich nicht in meinem Handeln authentisch realisieren kann, kann ich auch nicht verändern. Darum gab es die Entscheidung im dritten Akt.

 Kulturwandel dynamisieren

Handlungsmuster und Werte eines Unternehmens sind und werden durch die Geschichten geprägt, die erlebt und erzählt werden. Die Arbeit mit Geschichten ist daher der „Königsweg" zur Dynamisierung und Gestaltung eines organisationsübergreifenden kulturellen Wandels.

– Fragen Sie, welche Werte die Beteiligten für die Veränderung besonders wichtig halten.

---

[73] Das wusste Moses im Unterschied zu Jesus leider nicht. Wahrscheinlich dauerte der Weg durch die Wüste deshalb so lang.

- Welches sind die Werte, die aus Sicht der Beteiligten im Unternehmen tatsächlich gelebt werden?
- Was ist die Schnittmenge der beiden Wertewelten?
- Welches sind die besten und überzeugendsten Geschichten, die wir zu gelebten positiven Werten in unserem Unternehmen erzählen?

Durch die bewusste Arbeit mit positiven Geschichten werden Werte herausgehoben und verstärkt. Die positiven Geschichten werden weitererzählt und von Zuhörern als authentisch erlebt. Die darin verbundenen Werte werden verstärkt.

Das Vorgehen eignet sich für Großgruppen und auch für Gruppeninterviews. Die Kommunikation mit Film und Multimedia verbreitet und verstärkt die Wirkung dieser Intervention.

In den 80er und 90er Jahren wurden Veränderungsvorhaben oft als Kulturveränderungsprojekte geführt. Die Unternehmenskultur selbst sollte verändert werden. Dabei hielt man eine homogene, starke und eher geschlossene Kultur (Corporate Identity) für besonders wichtig. Die Erfahrungen mit dieser Idee waren eher ernüchternd. Kultur entzieht sich direkter Einflussnahme systematisch. Bewusste und zielgerichtete Konstruktion scheitert im Ergebnis, weil kulturelle Merkmale emergent sind, sich also ohne ein intentionales Kalkül organisieren. Und wie sich herausstellte, erbringen moderne globale Unternehmen ihre Leistungen in eher diversen, schwachen und besonders offenen Kulturen.

Dennoch bleibt die Gestaltung kultureller Merkmale ein machtvolles Führungsinstrument. Die Führung erfolgt indirekt durch die Gestaltung von Belohnungssystemen, durch glaubwürdiges Vorleben, durch systematische Verstärkung und Schaffung von „Freiräumen"[74], in denen Kultur erlebt und gelebt werden kann. Mit systematischem Storymanagement der Geschichten und Erlebnisse werden die Werte und Handlungsmuster der neu entstehenden Kultur systematisch gefunden, gesammelt und weiter erzählt. Der notwendige kulturelle Wandel hängt mit diesem Vorgehen nicht hinter den Veränderungen der Strukturen und Prozesse

---

[74] Vergleiche das schöne Büchlein von HARRISON OWEN (2001): The Spirit of Leadership – Führen heißt Freiräume schaffen: Heidelberg.

nach. Kultureller Wandel ereignet sich gleichzeitig und abgestimmt mit der Bewältigung der operativen Herausforderungen. Die Veränderung kultureller Muster und Werte ist weniger Bremse als Motor der Veränderung. Es ist einfach attraktiv, eine Hauptrolle in einer guten Geschichte zu spielen.

Gestalten Sie systematische Lernprozesse

Wie viel Veränderung die Organisation tatsächlich realisieren kann, hängt auch ab von der Entwicklung der Fähigkeiten und Kompetenzen der Beteiligten. Veränderte Regeln, Abläufe und Strukturen brauchen neue Verhaltensweisen und Kenntnisse: Flache Hierarchien und große Gruppen werden anders geführt als fünf „direct reports". Kundenkontakte fast aller Personen im Unternehmen machen nicht nur ein neues Selbstverständnis erforderlich, sondern auch die Fähigkeit des Umgangs. Neue Einstellungen und Werte, neue Verhaltensweisen bis hin zu neuen technischen Fertigkeiten müssen ausgebildet werden, um die Veränderung umzusetzen.

Training technischer Fertigkeiten, wie die Bedienung neuer IT-Software oder neuer Maschinen werden oft auch technisch konzipiert: Kenntnisse werden gelernt und dann an Praxisbeispielen erprobt. Das kann als Vorbereitung auf neue Arbeitsanforderungen nützlich sein. Vieles wird hier auf Vorrat gelernt. Entsprechend aufwendig ist die Ausbildung. Im vierten Akt der Veränderung sollte der Weg allerdings umgekehrt gegangen werden. Es geht um die Erfüllung konkreter Leistungsanforderungen. Schicken Sie also Ihre Mitarbeiter nicht in Schulungszentren oder Ausbildungseinrichtungen. Holen Sie sich das Wissen ins Haus. Trainieren Sie möglichst nah am Arbeitsplatz. Lassen Sie die Fragestellungen lösen, um die es jetzt geht.

Technik und soziale Fähigkeiten sind in Veränderungsprozessen eng miteinander verknüpft. Es geht ja nicht um Abfrage von Wissen, sondern darum, neue Rollen auszufüllen. Rollentraining und arbeitsplatznahe Lernsysteme können unmittelbar auf diese Herausforderungen hin gestaltet werden.

2. Ziele festlegen
mit Indikatoren
und Messgrößen

1. Herausforderung
als Verbesserungschance
beschreiben

3. Maßnahmen finden,
vereinbaren und
umsetzen

4. Erfolgskontrolle:
Erfolgs- und
Fehleranalyse

Abbildung 8: Regelkreis des Handlungslernens

Initiieren Sie Handlungslernen[75] auf allen Ebenen. Mitarbeiter lernen am besten voneinander und miteinander, wie sie den neuen Anforderungen gerecht werden. Nur in Bezug auf realistische und messbare Ziele lässt sich schließlich beurteilen, wie erfolgreich die eigenen Lernbemühungen waren. Nicht das Erreichen von Lernzielen sollte im Mittelpunkt stehen, sondern das Erbringen konkreter Leistungen unter der Bedingung veränderter Rollen und Regeln. Der größte Vorteil des Handlungslernens ist: Es wird nicht nur individuell gelernt, es wird auch recht schnell klar, welche Strukturen und Regeln weiter angepasst und entwickelt werden müssen.

Die beste Ausbildung nützt nichts, wenn man nicht auch die Möglichkeit hat, das Gelernte umzusetzen.

---

[75] Vergleiche zur Vertiefung OTMAR DONNENBERG (1999): Action Learning. Handlungslernen ist die nach meiner Erfahrung wirksamste Form der Lernorganisation bei der Umsetzung von Veränderungen.

„Schneller und besser zu lernen ist ein entscheidender Konkurrenzvorteil." – Das ist sicher ein etwas emphatischer Satz, wenn das Lernen nicht oder zu wenig an die Umsetzung gekoppelt ist. Die Gestaltung und Ermöglichung einer „lernenden Organisation"[76] erleichtert und dynamisiert die Veränderung. Und natürlich stehen weiterhin die Ergebnisse im Mittelpunkt.

Realisieren Sie die Praxis der lernenden Organisation

Während und in Veränderungen laufen für die Beteiligten Lernprozesse ab. „Ah, so würde ich das nicht mehr machen." – „Jetzt verstehe ich, welche Ursache dieses Ereignis hatte." – „Nach meiner Erfahrung scheint das eine Art Regel zu sein: Immer wenn a dann b." Lernen aus Erfahrung bedeutet, durch verbesserte Wahrnehmung und verbessertes Wissen über die Realität seine Handlungen besser zu steuern und seine Ziele leichter zu erreichen.

Das Lernen funktioniert noch besser, wenn die Beteiligten in Veränderungen die Gelegenheit haben, ihre Erfahrungen systematisch auszutauschen und ihre Lernergebnisse systematisch und kritisch zu überprüfen. Dabei ist das Lernen des ganzen Unternehmens mindestens genau so wichtig wie das Lernen der einzelnen beteiligten Personen. Die Metapher von der „lernenden Organisation" basiert auf der Erfahrung dass es im gemeinsamen Leistungsprozess, darauf ankommt, dass alle Beteiligten lernen und ihr Lernen aufeinander abstimmen. Beim individuellen Lernen bestimmt das schwächste Glied einer Organisation das insgesamt erreichbare Niveau. Lernen, das konkrete Leistungsverbesserungen zum Ziel hat, geschieht deshalb am besten in „handelnden Einheiten" der Personen, die diese Leistung erbringen und Verbesserungen umsetzen. Wechselseitiger Austausch der Lernergebnisse, Rollenlernen und Beiträge aus unterschiedlichen Perspektiven verbessern so wohl die Umsetzung als auch das dadurch erreichbare Leistungsniveau insgesamt.

---

[76] Der Klassiker ist CHRIS ARGYRIS, DONALD A. SCHÖN (1996): Die lernende Organisation.

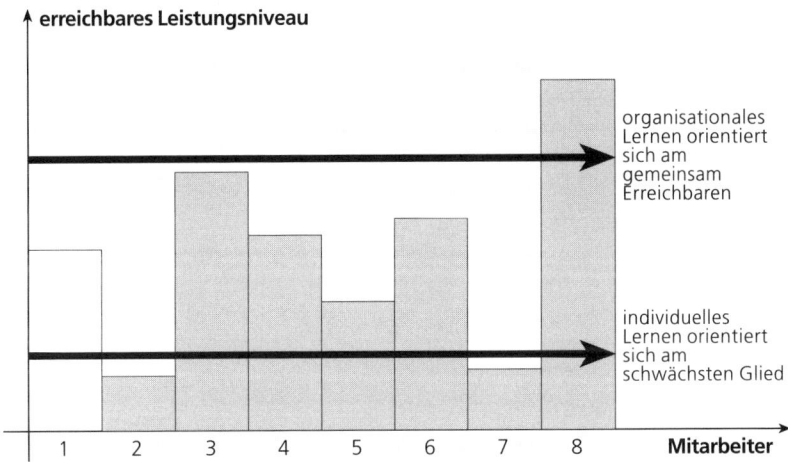

Abbildung 9: Lernen in handelnden Einheiten

Systematische Regelkreise des Handlungslernens und Lernen in handelnden Einheiten sind die Prinzipien einer lernenden Organisation.

Wie Veränderungen unter dem Gesichtspunkt von Lernprozessen leichter, ressourcenschonend, zielgenauer geführt werden können, darüber stehen heute umfangreiche Erfahrungen zur Verfügung. Beachten Sie die Erfolgsbedingungen der Führung:

– Sorgen Sie dafür, dass Neugier und Lernfreude sich ausbreiten können.
– Unterstützen Sie einen konstruktiven Umgang mit Fehlern als Voraussetzung für Verbesserung.
– Schaffen Sie Raum und Zeit für systematischen Erfahrungsaustausch und Lernen: Auswertung und Evaluation, Timeouts und informelle Anlässe, gemeinsame Rituale.

Passen Sie Strukturen und Belohnungssysteme an.
Achten Sie auf Details

In Ihrem Unternehmen gibt es jetzt einen anwachsenden Strom von neuem Wissen und neuen Erfahrungen, die in die Neugestaltung von Strukturen und Systemen einfließen. Vieles, was jetzt klar wird, konnte früher nicht gesehen werden. Vielleicht widerspricht die Realität jetzt auch den vorgefassten Annahmen aus dem Planungsprozess.

Viele Veränderungsvorhaben stocken oder scheitern an Widersprüchen der Strukturen und Systeme:

– Nach den neuen Regeln soll eine kundenorientierte Prozessorganisation realisiert werden. In Wirklichkeit bleiben allerdings die Verantwortungen für Verkauf und Produktentwicklung weiterhin getrennt.
– Statt acht Hierarchiestufen soll es in Zukunft nur noch drei geben. Man hat aber vergessen, den Verantwortungsbereich der unteren Stufen auszuweiten. Das Gehaltssystem, das acht funktionale Gruppierungen vorsieht, bleibt weiterhin in Kraft.
– Die Produktivität des Gesamtunternehmens sollte um 10 Prozent erhöht werden. Die zentralen Stabsabteilungen wurden allerdings nicht in die Betrachtung einbezogen. Sie wuchsen beträchtlich bei der Erarbeitung und Kontrolle weiterer Produktivitätserhöhungsprogramme für die Produktion.
– Die Erhöhung der Kundenbindung wird zum strategischen Ziel erklärt. Provisioniert wird weiterhin der Abschluss von Einzelverträgen.
– Umsatzwachstum soll durch ein integriertes Leistungsportfolio erreicht werden. Budget und Erfolgsrechnung erfolgt weiterhin getrennt für die Fachabteilungen.
– Das Zusammengehen der beiden Unternehmen soll die Kostensituation verbessern und zu preiswerteren Produkten führen. Die bisherige Struktur wird aber bis auf die gemeinsame Leitung beibehalten.

Widersprüche der Organisationsstrukturen und Managementsysteme wie Belohnungs- und Anreizsysteme, Budgetierung, Controlling, Qualitätsmanagement, die nicht angegangen und aufgelöst werden, zerstören die Motivation der Beteiligten. Es ist wie das Rennen gegen Betonwände. Nichts bewegt sich, weil sich nichts bewegen kann. Wenn es keine (Lern-)Prozesse gibt, die bestehenden oder geplanten Lösungen für Strukturen und Systeme in Frage zu stellen und anzupassen, scheitern Verän-

derungsvorhaben. Das Volk Israel braucht fast vierzig Jahre, bis die
Zehn Gebote im Alltag in neue Entscheidungsprozesse, eine neue gesellschaftliche Ordnung übersetzt sind und das Zusammenleben in den Familien, im religiösen Kult so weit realisiert ist, dass das Gelobte Land erreicht werden kann.

Die Details sind wichtig. Im zweiten und dritten Akt wurde die Richtung
bestimmt und wurden die Pflöcke eingeschlagen. Eine zu detaillierte Planung hätte später wahrscheinlich sowieso revidiert werden müssen. Vieles blieb deshalb offen. Jetzt werden diese Leerstellen ausgefüllt. Das
ganze Bild erst entscheidet, ob und wie die Veränderung funktioniert und
die angestrebten Ziele erreicht sind oder nicht.

Sanktionieren Sie Verstöße gegen die neuen Regeln

Hoffentlich werden Sanktionen nicht oft notwendig sein. Ein Verstoß gegen die neuen Regeln ist eine Herausforderung; er gefährdet nicht nur Ihre Machtbasis, er stellt auch das bisher Erreichte in Frage. Der Regelverstoß hat in der Regel eine hohe Aufmerksamkeit der Beteiligten: Was
wird jetzt passieren?

Ein Regelverstoß ist ein Konflikt. Dabei ist es weniger bedeutend, ob er
als bewusste Herausforderung der neuen Ordnung geplant wurde oder
unbewusst alten Gewohnheiten geschuldet ist. Im vierten Akt der Umsetzung reicht die Macht des Neuen, Ihre Macht, aus, um die Einhaltung
der neuen Regeln durchzusetzen. (Wenn Sie vor der Entscheidung im dritten Akt Regelverstöße sanktionieren, auch wenn Sie die formale Macht
haben, sorgen Sie vor allem für schlechte Stimmung.)

In hierarchischen Kulturen wird die Verletzung der Regeln direkt sank-
tioniert: Statusverlust, Abstieg in der Hierarchie, Gehaltseinbußen, wenn
bestimmte Verhaltensziele nicht erreicht sind. In mehr egalitären Kulturen gibt es geregelte Abläufe, wer Regelverstöße feststellt und welche
Konsequenzen daraus folgen. Der Mann, der am Sabbat gegen die Regel
des Arbeitsverbots verstoßen hat und Holz sammelte, wurde auf Geheiß
von Moses zu Tode gesteinigt.

Veränderungsführer, die in dieser Phase Regelverstöße hinnehmen, ris-
kieren nicht nur die schon erreichten Erfolge, sie verpassen auch eine

wichtige Chance für Orientierung. Hoffentlich finden Sie weniger blutige Verfahren als die Steinigung, allerdings ist oft Ausschluss und Kündigung die einzige Führungsintervention, die bleibt. Dabei geht es weniger darum, eine bestimmte Person zur Einsicht zubringen. Im Mittelpunkt steht das Zeichen für die Organisation: die Konsequenz des Regelverstoßes muss für die Beteiligten gut wahrnehmbar und deutlich sein. Dabei fällt diese im Einzelfall drastischer aus, als in Bezug auf eine Person nötig. „Milde" ist allerdings angebracht, wenn Ihre Machtbasis gesichert ist und die Provokation weniger heftig war. Die Sanktion muss von Beteiligten als nachvollziehbar und gerecht wahrgenommen werden.

Lernen Sie Krisen schätzen

Krisen sind jetzt der Motor der Veränderung. Die Veränderung wird nicht mehr grundsätzlich in Frage gestellt; die Machtverhältnisse sind im Großen und Ganzen entschieden. Jede Krise zeigt in dieser Phase, dass etwas nicht so funktioniert, wie gedacht: Die Rahmenbedingungen haben sich in unerwarteter Weise geändert. Kunden reagieren anders. Die Belastung der Mitarbeiter ist höher als erwartet.

Entsprechend sind Krisen jetzt vor allem Lern- und Verbesserungsmöglichkeiten, ja nicht nur Möglichkeiten, sondern Notwendigkeiten. Krise heißt: es steht zur Entscheidung, ob die Verbesserung gelingt.

Wie gut oder schlecht, wie schnell oder langsam die Veränderung gelingt, wird mitbestimmt von der Fähigkeit, Krisen schnell zu erkennen, offensiv anzugehen und zu lösen.

Eine Krise ist „gelöst", wenn der darin liegende Widerspruch (vergleiche oben die Widersprüche in Strukturen und Systemen) „aufgelöst" ist. Krisen in Veränderungen schärfen den Realitätssinn: Sie machen den Unterschied von Wunschdenken und Tatsachen deutlich. Krisen sind in bestimmtem Sinn „normale Krisen"[77]. Sie weisen selbst auf die Notwendigkeit der Veränderung. Die Gegenwart lässt sich niemals vollständig aus der Vergangenheit ableiten. Je komplexer eine Veränderung, desto mehr Krisen wird es geben, da komplexe Entwicklungen eben prinzipiell nicht voraussagbar sind und Sie mit Unsicherheit rechnen müssen.

---

[77] Siehe zur Vertiefung der Führung von Krisen in dieser Phase MARKUS GMÜR (1996): Normale Krisen. Unsicherheit als Managementproblem, Bern, Stuttgart.

Wichtige Punkte für den vierten Akt

- Beteiligte in ihrer eigenen Veränderung führen
- Kulturwandel unterstützen und gestalten
- Organisatorisches Lernen ermöglichen und gestalten
- Auf konsistente Strukturen und Belohnungssysteme achten
- Verstöße gegen die neuen Regeln sanktionieren
- Normale Krisen für die Realisierung der Veränderung nutzen

Lerne aus den Jahren der Geschichte!
Deuteronomium 32,7

Fünfter Akt: Ankunft im Gelobten Land

Der Neuanfang in der biblischen Geschichte beginnt mit der Einsetzung der neuen Sozialordnung, den Zehn Geboten, der politischen Vertretung und der Regelung der Priesterschaft am Berg Sinai. Doch die Gegenkräfte sind stark. 40 Jahre lang halten sie Israel in der Wüste. Das Gelobte Land wird erst erreicht, als auch der alte Führer Moses gestorben ist. Die Veränderung im Aufbau eines freiheitlichen Gemeinwesens ist gelungen. Jetzt kommt der Schlusspunkt, an dem die Veränderung augenscheinlich und das Ziel erreicht wird, der Zug über den Jordan in das Gelobte Land. Und die Beteiligten merken, dass die Rede von „Milch und Honig" vielleicht doch nicht so ganz wörtlich verstanden werden darf. Es braucht die Anstrengung von vielen, um das Gelobte Land zunächst überhaupt in Besitz zu nehmen. Das Happy End, das glückliche Ende ist vor allem eine neue Perspektive, für die es sich einzusetzen lohnt.

Der fünfte Akt bringt die Handlung zum Abschluss. Vorher unerledigte Geschäfte müssen noch beendet und letzte offene Fragen geklärt werden. Die Ankunft im Gelobten Land, das Erreichen des Ziels ist ein letzter emotionaler Höhepunkt. Freude und Dankbarkeit können stille Emotionen sein, sind aber auch Gelegenheit, die Beteiligten der Veränderung ein letztes Mal zusammen zu führen und einen gemeinsamen Endpunkt in der Erlebniskette zu setzen.

Neben der Bewährung der neuen Strukturen und Prozesse, der neuen Rollen und Handlungsvorstellungen geht es jetzt darum, dass die Beteiligten in der neuen Welt auch in ihrem Erleben ankommen können. Eine gute Veränderungsgeschichte braucht ein Ende. Zeit um Luft zu holen, auch um den schon am Horizont erscheinenden neuen Herausforderungen gewachsen zu sein. Sie kennen das, die Veränderungszyklen in vielen Unternehmen sind derart hektisch, dass keine Zeit mehr bleibt anzukommen. Vielleicht möchten wir die Ankunft länger genießen, als wirklich notwendig ist, um die Geschichte abschließen zu können. Allerdings: ohne Ankunft kein neuer Aufbruch. Menschen müssen erst wieder Position beziehen, um einen neuen Schritt zu machen, sonst droht die Wiederholung des immer Gleichen. Es bewegt sich viel, aber es geschieht nichts. Veränderung wird zur Hysterie, wenn sie keine Verbesserung mehr bringt.

Die Geschichte ist glücklich zu Ende gegangen. Die Spannungskurve fällt ab. Allerdings nicht ganz: Mit dem Abschluss werden neue Veränderungsnotwendigkeiten deutlich. Das Gelobte Land muss allererst erobert werden. Der abgeschlossene Veränderungszyklus erweist sich als einer unter vielen, die nacheinander und oft auch gleichzeitig verlaufen. Eine Kultur der Veränderung wird notwendig: dass und wie Veränderung ständige Herausforderung und Aufgabe ist, dass und welchen Wert Veränderung für das Unternehmen und die daran beteiligten Personen hat.

Regeln Sie die Nachfolge in der Führung

Es gibt verschiedene Rollen, in denen Sie Veränderungsführerschaft ausüben können. Moses steht zunächst an der Spitze. Für kriegerische Auseinandersetzungen überlässt er später jüngeren Leuten die Führung und tritt immer mehr in den Hintergrund. Bevor tatsächlich das Gelobte Land erreicht ist, übergibt Moses die Gesamtverantwortung an Josua.

Führer großer und komplexer Veränderungen, die ganze Unternehmen transformieren, haben das Veränderungsvorhaben eng mit ihrer Rolle und auch Existenz verknüpft.

Zum Beispiel Jack Welchs Umbau von General Electric oder in Deutschland Ron Sommers Transformation der Telekom von der Behörde in ein

Wirtschaftsunternehmen. Sie sind als Protagonisten der Veränderung[78] eng mit dem Veränderungsprozess verbunden. Sie verbinden in ihrer Person den Visionär der umfassenden Horizonte mit der Fähigkeit, Veränderungen durchzusetzen. Sie haben eine neue tragfähige Basis gelegt für die nächsten Entwicklungsschritte des Unternehmens.

Das Gelobte Land aber braucht zur Führung eher den Pragmatiker der Details – nicht machtvolles Durchsetzen, sondern akribisches Umsetzen. Die erreichte Veränderung muss weiter stabilisiert werden und sich bewähren. Gleichzeitig verlangt die veränderte Situation neue Zukunftsvorstellungen und neue Geschichten, die oft von den gleichen Personen nicht mehr glaubwürdig vertreten werden können. Mit dem fünften Akt beginnt für die neuen und veränderten Personen ein neuer Zeitabschnitt und ein neuer Veränderungszyklus.

Mit der Regelung der Nachfolge setzt Moses das Zeichen, dass jetzt mit einer neuen Führung eine neue Zeit beginnt. Sein eigener Auftrag ist erfüllt. Josua ist ein treuer Gefolgsmann von Moses und teilt dessen Vorstellungen einer sozialen und religiösen Ordnung. Er hat schon als Kundschafter das Gelobte Land gesehen und ist begeistert von der Vorstellung, es nun bald in Besitz zu nehmen.

Neue Umstände und neue Situationen brauchen neue Führungspersönlichkeiten. Veränderungsführer, die über die Erfüllung der von ihnen verkörperten Veränderung hinaus eine Führungsrolle beanspruchen, verlieren schnell an Autorität und Einfluss. Sie werden nicht mehr ernst genommen und verlieren ihre Macht in quälenden und unwürdigen Auseinandersetzungen. Das ist in der Politik genau so wie in Unternehmen.

Viele Veränderungsvorhaben sind allerdings nicht von der Qualität und haben nicht den Umfang, die ein ganzes Leben beanspruchen oder einen herausgehobenen Teil eines Lebens. Sie füllen nur einen kleinen Abschnitt in einer ganzen Kette von Veränderungen, für die ich meine Le-

---

[78] Dass Ron Sommer 2002 letztlich mehr gezwungen als freiwillig zurück trat, lag an persönlichen Fehlern und schmälert nicht sein Verdienst um die Deutsche Telekom AG. Vielleicht zeigt das Beispiel auch, dass die enge Verbindung von Person und Veränderung auch unabhängig von den wirklichen Fähigkeiten der Führung funktioniert. Die Eitelkeit, sich organisatorische Veränderungen hauptsächlich persönlich anzurechnen, steht auf einem anderen Blatt.

benszeit und Arbeitskraft einsetzen möchte. Und doch geht für mich wenigstens ein Abschnitt zu Ende. Die Führung muss für sich Abschied nehmen, damit das Unternehmen oder der Bereich, für den ich Verantwortung trage, einen neuen Anfang macht. Die Führungsverantwortung für diese Veränderung wird zurückgegeben, meine Rolle ist zu Ende. Ich wende mich anderen Themen zu.

Verkünden Sie erst das Ende, wenn es geschafft ist. Feiern Sie

Erst jetzt wird der Erfolg verkündet, wenn das Ziel erreicht und die Veränderung weit gehend realisiert ist. Veränderungsführer lassen sich gelegentlich verführen, den Erfolg schon früher auszurufen, nach der Entscheidung oder gar nach dem ersten schnellen Sieg. Die Beteiligen ziehen ihre Energie und Konzentration zurück, und das Veränderungsvorhaben kann scheitern. Die Veränderung wird vielleicht noch eine Zeit behauptet, bis man schließlich merkt, dass das meiste Kosmetik war. Führung bedeutet festzustellen, wenn und wann das Ziel erreicht ist. – Und nur die Führung darf den Erfolg verkünden.

Für das Erleben ist die Feier Abschluss und Höhepunkt der Veränderung.

Jetzt ist es auch Zeit zu feiern. Der Erfolg ist offensichtlich und hat die angestrebte Verbesserung erbracht. Die Feier ist Abschluss und letzter Höhepunkt der Veränderung. Sie ist auch Ausdruck des Dankes für all das, was funktioniert hat und durch die vielen Krisen getragen hat. Es gibt einen Dank an jede einzelne Beteiligte, die sich eingesetzt hat. Sonst wäre die Veränderung nicht gelungen. – Feiern Sie deshalb angemessen. Eine zu kleine Feier würde eine gewisse Geringschätzung bedeuten, eine zu große wäre überheblich. Beziehen Sie möglichst alle Beteiligten mit ein.[79]

Gefeiert werden auch Werte des Vertrauens, der Kameradschaft und das Durchhaltevermögen. Die Veränderung hat den Zusammenhalt auf menschlicher Ebene gefestigt. Jede und jeder ist durch seine eigenen Prüfung gegangen, musste sich in Frage stellen und neu orientieren.

---

[79] Also, wenn Sie es vermeiden können, keine Drei-Tages-Sause mit dem Führungsteam in Acapulco.

Die Feier der Ankunft verbindet noch einmal die persönlichen Geschichten und Erlebnisse der Beteiligten mit der Veränderung des Unternehmens. Jede Heldenreise, jedenfalls bei Asterix und Obelix, endet mit
der Feier der Ankunft oder der Rückkehr. Ziel war die Veränderung der
Organisation, dazu mussten sich die Beteiligten verändern. Mit der
Selbst-Veränderung der Beteiligten ist die Veränderung des Unternehmens erst möglich geworden. Erst mit dieser Synchronisation hat die Geschichte auch im Erleben der Beteiligten ein gutes Ende.

Geben Sie Raum für die Rückkehrerfahrung.
Setzen Sie einen Endpunkt

Im individuellen Erleben der Veränderung ist das Erreichen des Ziels zugleich eine Art Rückkehr. Die Abenteuer sind bestanden. Die Helden kehren zurück in die Heimat. Die Heimat aber, sei es die vorgestellte Heimat, in der Milch und Honig fließen, oder das Land Ithaka des Odysseus, sind anders als die Heimat, mit oder von der ich aufgebrochen bin.
Die Rückkehr bedeutet in Wirklichkeit das Bewustwerden einer Verwandlung: Ich habe mich verwandelt und die Organisation hat sich verwandelt. Nicht Rückkehr zum Alten, sondern Rückkehr zum Neuen.

Diese Rückkehrerfahrung können Sie bewusst unterstützen. Sie erleichtern dadurch die seelische Verarbeitung der Veränderung und unterstützen die Personen, sich schneller auf die neuen Gegebenheiten einzulassen.

– Geben Sie Gelegenheit und Anlass zum Rückblick auf den Gesamt-
  prozess. Lassen Sie noch ein Mal die alten Geschichten und „Helden-
  sagen" erzählen.
– Setzen Sie für den Veränderungsprozess einen symbolischen Endpunkt. Das Alte ist jetzt endgültig vergangen.
– Erzählen Sie die „größere" Geschichte der Unternehmensentwicklung. Die gerade erlebte Veränderung wird dadurch zu einer Perle in
  einer Kette von Veränderungen. Die Rückkehr fällt leichter, wenn
  neue Aufbrüche möglich erscheinen.

Nicht gelebte Rückkehrerfahrung hält die Aufmerksamkeit in der Vergangenheit. Menschen leben dann mehr in der Erinnerung als in der Gegenwart. Das Alte wird zur „guten alten Zeit". Sentimentalität statt Ge-

fühle. Die Rückkehr ist auch eine Ernüchterung darüber, wie groß die
Hoffnung vielleicht einmal war, im Vergleich zu dem, was tatsächlich er-
reicht wurde. Rückkehrerfahrung ist die Voraussetzung für eine nächste
Veränderung, sich auf eine neue Reise zu begeben.

Stabilisieren und festigen Sie das Erreichte

Vieles konnte realisiert werden. Manches wird vielleicht relativ schnell
wieder verschwinden. Es war vor allem für die Zeit der Veränderung
selbst wichtig. Anderes soll dauern und dauerhaft wirken.

– Gehalts- und Anreizsysteme müssen wieder umgestellt werden. Ver-
  haltensänderungen werden nicht mehr belohnt, sondern für die Leis-
  tungserbringung vorausgesetzt.
– Ziele werden nicht mehr mit Blick auf die Veränderung formuliert,
  sondern Sie wollen jetzt die Früchte der erreichten Verbesserungen
  ernten.
– Und doch soll der Geist der Veränderung bewahrt werden. Die vergangenen Anstrengungen sind die Grundlage der heutigen Leistungen.
  Die Erinnerung an die eigene Geschichte ist Ansporn für die Bewältigung der heutigen Herausforderungen.
– Das Erreichte wird gefestigt durch Anlässe und Symbole, durch die
  Wiederholung und Alltagsverwurzelung der Rituale im Veränderungsprozess. – „Seitdem wir vor zwei Jahren ein Drittel unserer Mitarbeiter entlassen mussten, habe ich unseren Chef nie mehr mit einer
  Krawatte gesehen."
– Entscheiden Sie, welche Instrumente der Veränderung Sie weiter-
  führen wollen: Handlungs- und Erfahrungslernen, Symbole der neu-
  en Identität, Prozesse und Zeichen, die mit den neuen Regeln fest verbunden sind.
– Ermöglichen Sie eine zusammenfassende Gesamtrückschau und Auswertung. Was waren die wichtigsten Fehler und Lernergebnisse? Damit legen Sie nicht nur einen Grundstein an Erfahrungen für nächste
  Veränderungen. Sie erinnern auch an die Erfahrungen, die mit dem Erreichten verbunden sind. Die Ergebnisse werden weniger leicht in Frage gestellt, wenn man noch weiß, welche Erfahrungen damit verbunden sind.

Denken Sie an die nächste Veränderung

Die nächste Veränderung kommt bestimmt. Vielleicht haben Sie auch schon damit begonnen. Veränderungen sind heute der Normalfall in Unternehmen. Im nächsten Kapitel wird es darum gehen, wie Sie eine Kultur der Veränderung etablieren, welche die organisatorische Veränderungsfähigkeit verbessert, die gesamten Veränderungen im Unternehmen trägt und dynamisiert.

Jede Veränderung sollten Sie deshalb auch dafür nutzen, Impulse für eine entstehende Veränderungskultur zu setzen.

– Die Herausforderung anzunehmen, unsere Unternehmen immer schneller und zielgenauer zu verändern, ist die Grundlage für nachhaltigen Erfolg. Das müssen die Beteiligten verstehen.
– Die Würdigung der persönlichen Leistung, welche es für organisatorische Veränderung braucht, macht die Veränderungsleistung zu einem normalen Bestandteil der Leistungserwartung.
– Die Würdigung der einzelnen Beteiligten und Gruppen in ihren Beiträgen schafft das Bewusstsein von unterschiedlichen Veränderungsrollen.
– Festhalten und Kommunikation der Erfahrungen und Geschichten sichert und verbreitet die Lernergebnisse.
– Die Entwicklung der Werte einer Veränderungskultur wie Offenheit, Unternehmertum, Verantwortung, Zusammenhalt verbessert die Veränderungsfähigkeit der Organisation.
– Das Bewusstmachen der individuellen und sozialen Prozesse, der drei psychologischen Phasen und der fünf Akte organisatorischer Veränderung qualifiziert die Beteiligten, mit Veränderungen wirksam umzugehen, sich selbst und andere in Veränderungsprozessen zu führen.

Führen Sie ein (strategisches) Portfolio der anhängigen Veränderungen

Ein Portfolio bringt die laufenden Veränderung in einen Zusammenhang. Ziel ist es, die zur Verfügung stehenden Ressourcen optimal einzusetzen.

Machen Sie eine Liste der Veränderungen, in die Sie und Ihr Unternehmen oder Ihre Abteilung involviert sind.

Bewerten Sie die Veränderungen einzeln mit
1 = geringer Beitrag zur Unternehmensentwicklung
2 = gewisser Beitrag zur Unternehmensentwicklung
3 = ein wichtiger Beitrag zur Unternehmensentwicklung
4 = hoher Beitrag zur Unternehmensentwicklung
5 = unverzichtbarer Beitrag zur Unternehmensentwicklung

Jetzt stellen Sie fest, in welchem dramaturgischen Schritt sich die jeweilige Veränderung befindet
1 = Abschied vom Alten und Aufbruch
2 = Erste Erfolge; der Punkt, an dem es kein Zurück mehr gibt
3 = Höhepunkt der Entscheidung und Neubeginn
4 = Zeit der Konflikte und Krisen
5 = Phase der Stabilisierung des Neuen

Tragen Sie die Veränderungen in ein Achsenkreuz ein.

Beitrag zur Unternehmensentwicklung

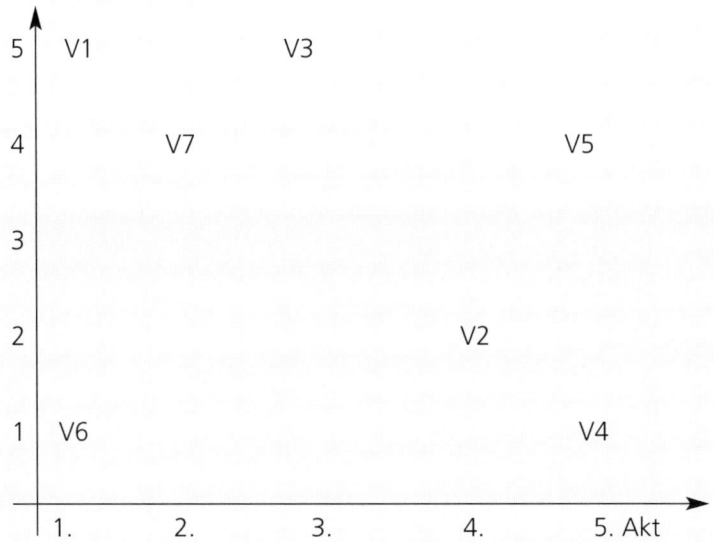

Priorität haben natürlich Veränderungen mit großem strategischem Beitrag. In der Frage des Ressourceneinsatzes sind Veränderungen 4 und 5, die schon in der Konsolidierungsphase (5. Akt) sind, zu bevorzugen. V3 ist in der kritischen Phase und braucht erhöhte Aufmerksamkeit ...

Gehen Sie jetzt die Veränderungen noch mal einzeln durch: Was kann vielleicht schnell abgeschlossen werden? Bei welcher kann der nächste Schritt vielleicht noch etwas rausgezögert werden?

In der Regel macht es Sinn, Veränderungen mit hoher Punktbewertung eine Priorität zu geben.

Beobachten Sie regelmäßig und systematisch das Umfeld Ihres Unternehmens und Ihrer Organisationseinheit

Insbesondere in Organisationseinheiten von Konzernen wird dies oft sträflich vernachlässigt. Im Ergebnis ist dann die Überraschung groß, wenn man selbst Teil einer großen Veränderung ist. Instrumente wie Wettbewerbsanalyse und Marktanalyse gehören heute zu den Standardinstrumenten professioneller Unternehmensführung. Auch Veränderungen bei den Zulieferern, im Kapitalmarkt und in der Politik (neue Gesetze) können Ihr Unternehmen beeinflussen. Je früher Sie Veränderungen kommen sehen, desto besser sollte es Ihnen gelingen, sich darauf einzustellen.

Veränderungen haben einen „geschichtlichen" Zusammenhang. Sie kommen nicht einfach willkürlich, sondern müssen in der Folge einer Geschichte zusammenpassen. Es ist die Arbeit der Zukunftsforschung, solche Geschichten zu erfinden, die einen konsistenten Zusammenhang mit der heutigen Zeit haben.

Folgende Fragen können Ihnen helfen, ein Gespür dafür zu entwickeln, was gerade an Veränderung geschieht und welche Veränderungen sich schon ankündigen:

– Was waren große und wichtige Veränderungen in dem von Ihnen beobachteten Umfeld?

- Welche Veränderungen gab es in jüngster Zeit?
- Was hat den Ausschlag gegeben? Welches Problem wurde damit gelöst? Welche Not damit gewendet?
- Welche Probleme werden jetzt formuliert? Welche Fragen stehen jetzt an?
- Welche Veränderungen sind dafür nötig?
- Wenn ich diese Veränderungen als Beobachter in einen Zusammenhang stelle und als Geschichte erzähle, wie würde diese Geschichte weitergehen?

Sorgen Sie dafür, dass die Veränderung für die Beteiligten Sinn macht. Erzählen Sie die ganze Geschichte

Es ist ziemlich frustrierend, wenn ich in einer Veränderung beteiligt bin und nicht verstehe, wieso und wozu diese Veränderung notwendig ist. Besonders, wenn ich mit mehreren Veränderungen befasst bin, brauche ich so etwas wie ein „big picture", ein Gesamtbild, um mich zu orientieren.

Da Veränderungen die Form von Geschichten haben, ist es meine Herausforderung und Aufgabe als Führungskraft, die Gesamtgeschichte der gelaufenen und gerade laufenden Veränderungen zu erzählen, ein Sinnangebot zu machen. Natürlich erlebt jeder Mitarbeiter die Veränderungen noch einmal etwas anders. Eine gemeinsame Geschichte hilft aber, die unterschiedlichen Veränderungen miteinander zu verbinden und gemeinsam an einem Strang zu ziehen:

- Wenn ich diese ganzen verschiedenen Veränderungen in einer Reihe betrachte, was ist dann die Frage, die jetzt zur Entscheidung steht?
- Wie wird der Ausgang dieser Entscheidung die weitere Geschichte unserer Organisationseinheit beeinflussen?
- Wie würde ich diese Gesamtgeschichte erzählen, wenn es eine Erfolgsgeschichte wäre?
- Was ist der nächste Schritt dieser Erfolgsgeschichte, die wir gerade in Angriff nehmen?
- Welche Rolle spielen die einzelnen Veränderungen oder Veränderungsprojekte dafür?

Die Geschichte(n) der Veränderung

Geschichten steuern und gliedern das Erleben der Beteiligten: „Ich erlebe nur, was ich auch erzählen kann." Die gute Geschichte ist, was für mich eine gute Geschichte ist und als gute Geschichte erlebt wird. In der Gesamtgeschichte kommen noch einmal alle Geschichten der Beteiligten zusammen:

– Die Wohin-gehen-wir-Geschichte, Ihre persönliche Geschichte als Veränderungsführerin (S. 66).

– Die Zweckgeschichte, beziehungsweise Geschichten, in denen die Identität des Unternehmens erzählt wird (S. 74).

– Die Sprungbrettgeschichte oder Sprungbrettgeschichten, in denen der Sinn der Veränderung zum ersten Mal erlebt werden kann (S. 97).

– Die Heldengeschichten der Beteiligten, in denen die Beteiligten die Helden ihrer eigenen Veränderung sind (S. 124).

– Die Erfolgsgeschichten, in denen die neuen Werte und Handlungsmuster überzeugend gelebt werden (S. 126).

– Die gute Geschichte der gesamten Veränderung, die für die Beteiligten einen guten Sinn macht, zu der jede und jeder einen Beitrag leisten konnte.

Die alte Geschichte ist die Grundlage für die neue Geschichte. Wurde diese positiv erlebt, können nächste Veränderungen leichter in Angriff genommen werden. Dieser Blick in die Vergangenheit beschließt darum den fünften Akt.

Wichtige Punkte für den fünften Akt

- Nachfolge oder Rollenänderung der Führung gestalten
- Ein Ende setzen und feiern
- Rückkehrerfahrung ermöglichen
- Das Erreichte stabilisieren
- Impulse für eine Veränderungskultur setzen
- Ein Veränderungsportfolio führen
- Die ganze Geschichte erzählen

3 Veränderungsführerschaft erlangen

Change Management often means to change Management.

Sprichwort

Veränderung als Voraussetzung für Unternehmenserfolg

Wir verstehen die Welt heute in dynamischer Veränderung begriffen. Die Treiber der Veränderung: (a) weltweiter Güteraustausch und kommunikative Vernetzung, (b) Individualisierung von Produkten und Leistungen, (c) neue technische Lösungen für eine Verbesserung der Lebensqualität und (d) Demokratisierung des Zusammenlebens, beschleunigen die Geschwindigkeit der Veränderung (vergleiche erstes Kapitel). Veränderung zieht weitere Veränderung nach sich und erfordert weitere Veränderung. Die Fähigkeit, sich selbst und unsere Organisationen zu verändern, ist eine Kernkompetenz unseres 21. Jahrhunderts.

Nur wer sich verändert, kann gewinnen. In einer dynamischen und komplexen Welt[80] können Unternehmen ihren Kunden nur dann sinnvolle Leistungen und Produkte zur Verfügung stellen und nachhaltig Gewinne erwirtschaften, wenn sie dazu fähig sind, auf Veränderungen der Umwelt zu reagieren und sich selbst so zu verändern, dass die unternehmerischen Grundfunktionen weiter realisiert werden können.

Das ist der Sache nach nichts Neues. Neu daran ist die höhere Dynamik und damit die größere Bedeutung von Veränderung für Management überhaupt: Wachstum oder auch Verkleinerung bewältigen, Strukturen und Abläufe weiterentwickeln oder umbauen, mit anderen Unternehmen zusammengehen oder sich trennen, neue Technologien einführen und nutzen, das Unternehmen neu erfinden und positionieren, wenn die Basis nicht mehr trägt, Unternehmen schließen und neue Unternehmen auf Erfolgskurs bringen. – Verändern als aktives Veränderungsmanagement ist zu einem wichtigen Wettbewerbsfaktor geworden.

---

[80] Soziale Komplexität ist das grundlegende Phänomen. Insbesondere die modernen Kommunikationsmittel führen zu weiterer Erhöhung der Komplexität durch ihre weltweite Vernetzung. Die daraus entstehende wachsende Dynamik ist allerdings die Ursache dafür, Veränderung selbst nicht mehr nur als Rahmenbedingung, sondern als zentrale Managementherausforderung zu behandeln.

Der Veränderungswettbewerb geht um nachhaltige Wettbewerbsfähigkeit für gute Geschäfte und gute Kunden. Das ist bei Wirtschaftsunternehmen genau so wie bei gemeinwirtschaftlichen Organisationen: Bei
den einen ist es die Vorstellung eines „Marktes", welche die Form gibt.
Bei den anderen geht der Wettbewerb um politisches Gewicht und Exis-
tenzsicherung. Führerschaft[81] im Veränderungswettbewerb ist die län-
gerfristige Fähigkeit, immer wieder gute Lösungen der Produkte und der
Unternehmensorganisation für seine Kunden bereitstellen zu können.

*Dass Nokia nicht früher entschieden hat, auch „Klapphandys" anzubie-
ten, bringt nur einen kleinen kurzfristigen Ausschlag im Aktienkurs.
Doch was wäre, wenn Nokia sein Produktportfolio nicht kurzfristig er-
weitern und verändern könnte? Nokia kann. Die klare Ausrichtung des
Unternehmens nach Prozessen ermöglicht die schnelle Anpassung des
Produktangebotes.*

Veränderungsführerschaft bedeutet Veränderungsfähigkeit der Strukturen und Systeme und der Menschen, die diese mit ihren Leistungsprozessen verbinden. Das können einige Unternehmen besser als andere.
Veränderungsführerschaft heißt darum nicht, am schnellsten die neueste
Mode umgesetzt zu haben, sondern die beste Lösung der Form und Organisation des Unternehmens für seine Kunden.

Wer sich am besten verändert, gewinnt.

Wettbewerbsführerschaft ist Veränderungsführerschaft. Der Wettbewerb um Leistungen, Produkte, Kosten, Qualität und Geschwindigkeit
wird ergänzt um den Veränderungswettbewerb. Wettbewerbsführerschaft ist unter der Bedingung einer sich dynamisch verändernden Welt
Veränderungsführerschaft. Management verändert und erweitert seine
Blickrichtung vom Produkt- und Kostenwettbewerb zum Verände-

---

[81] Das Wort „Führerschaft" ist im Deutschen wenig gebräuchlich. Es bildet den englischen
Begriff „Leadership" nach. Wohl gebräuchlich ist die Bildung von Sammelbegriffen mit
der Nachsilbe „-schaft": Mannschaft, Landschaft, Gerätschaft. In diesem Sinne gebrauche ich das Wort. Es reflektiert nicht so sehr eine individuelle Eigenschaft oder individuelle Gegenstände, wie die Beziehungen von Personen, Prozessen, Leistungen und
Produkten, welche durch Führung gestaltet werden. Das deutsche Wort „führen" verweist auf die etymologische Bedeutung „fahren machen – dass der Wagen fährt".

rungswettbewerb: Wer sich am besten verändert, gewinnt. Wettbewerb heute ist (auch) Veränderungswettbewerb. Es genügt nicht, einmal die Nase vorn zu haben und das Unternehmen zum Erfolg zu führen. Change Management will das durch Veränderungen immer wieder tun. Erfolgreiches Change Management wird zu einem zentralen Wettbewerbsfaktor. Fragen des Change Managements nehmen überhaupt einen immer größeren Raum ein.[82] Managementherausforderungen wie Personalentwicklung, Entwicklung der finanziellen Steuerungssysteme und strategische Entwicklung sind im Brennpunkt der Aufmerksamkeit. Wer nicht das Unternehmen verändert, kann auch nichts erreichen.

> Niemand kann den Wandel managen.
> Wir können ihm nur voraus sein.
> Peter F. Drucker

Veränderungsführerschaft

Viele Veränderungen, die wir erfahren, entsprechen nicht unbedingt unserer Absicht. Wir können mit ihnen umgehen, indem wir uns selbst verändern oder es auch lassen. Und wir verändern uns natürlich auch und gerade dann, wenn wir uns nicht verändern wollen. Veränderungen in Unternehmen, um die es in diesem Buch geht, sind intentionale oder absichtliche Veränderungen.

Wir verändern uns auch und gerade dann, wenn wir uns nicht verändern wollen.

Veränderungsführerschaft kann daraufhin in drei Bedeutungen ausgesagt werden:

1. *Persönliche Veränderungsführerschaft:* Der Unterschied, Veränderungen zu wollen und selbst zu realisieren, ist, dass wir eine Absicht damit verbinden; wir können unter den gegebenen Bedingungen be-

---

[82] Darin stimmen 99 Prozent der Teilnehmer einer großen Change Management Studie überein, HOLGER NAUHEIMER (2005): Taking Stock – a Survey on Practice and Future of Change Management; Berlin.

stimmen oder wenigstens mitbestimmen, wohin es gehen soll. Das ist
der erste Sinn von Veränderungsführerschaft. Sobald ich Ziele setze
und Absichten verwirkliche, führe ich die Veränderung, die es dazu
braucht. Führung ist Veränderungsführung. Dazu muss ich Menschen
überzeugen und gewinnen, Ressourcen organisieren, Systeme, Strukturen und Prozesse gestalten. Veränderung geschieht in und durch die
Interaktion von Menschen. Führung gestaltet Veränderung als organisatorische Inszenierung von Personen, Themen, Konflikten, Ge-
fühlen und Lösungen. Führerschaft ist die aktive Ausübung dieser Rolle und Kompetenz.

2. *Organisatorische Veränderungsführerschaft*: Veränderungsführerschaft von Unternehmen ist, sich besser und schneller zu verändern als
die Mitbewerber: höherer Innovationszyklus der Produkte und Leistungen, schnellere und erfolgreichere Strukturanpassung, hohe Leis-
tungsqualität bei hoher Flexibilität. Veränderung wird in diesen Unternehmen strategisch geführt, die Qualität der Veränderung ist Teil
der strategischen Ausrichtung. Veränderungsführerschaft ist die Voraussetzung dafür, Marktführer zu sein und zu bleiben.

3. *Unternehmerische Veränderungsführerschaft*: Den Wettbewerb an-
zuführen und langfristig für sich zu entscheiden, bedeutet nicht nur das
beste Unternehmen zu sein, sondern auch die Regeln mitzubestimmen,
nach denen der Veränderungswettbewerb funktioniert.

*Die europäische und amerikanische Automobilindustrie hat nicht nur
jahrzehntelang den Wettbewerb dominiert. Mit dem Vorsprung ständiger Innovationen und neuer Technologien der Automobile war der
Markteintritt neuer Mitbewerber äußerst schwierig. Aber dann, das wissen Sie, kam Toyota: Die konzentrierte Innovation der Produktionspro-
zesse („lean production") brachte klare Wettbewerbsvorteile für Kosten
und Zuverlässigkeit der Automobile. Seither versucht Toyota sich immer
wieder an die Spitze der Veränderung zu stellen: Als erstes Automobil-
unternehmen unterzieht Toyota seine Vertragswerkstätten einem systematischen Qualitätsmanagement. Der neueste Coup ist das in USA und
Japan durchaus erfolgreiche Hybridauto.*

Unternehmerische Veränderungsführerschaft bildet den Rahmen und die
Herausforderung für organisatorische und persönliche Veränderungsführerschaft. Der Blick auf die eigene Organisation, das Team oder den

Bereich, der zu führen ist, ja der Blick auf die Veränderung des eigenen Lebens sind geprägt durch einen unternehmerischen Blick: Welchen Zweck will ich darin verwirklichen? Erfolgreiche Führung von Veränderung braucht im heutigen dynamischen Umfeld diese unternehmerische Veränderungsführerschaft: Die Veränderung selbst gehört zum unternehmerischen Handlungshorizont, wird Teil der unternehmerischen Zweckbestimmung: Wir wollen (mit-) bestimmen, was die richtige, nützliche und sinnvolle Veränderung ist und sein wird. Teil unseres Wertbeitrages und unserer Wertschöpfung ist, Veränderung zu führen und ihr eine Richtung zu geben.

Instrumente unternehmerischer Veränderungsführerschaft

- Beobachten Sie die Veränderung (Veränderungsradar). Was verändert sich bei Kunden, Produkten und Mitbewerbern? Welche Richtung wollen sie der Veränderung geben? Welches soll Ihr Beitrag sein? – Reservieren Sie ein Budget für die aktive Beobachtung von Veränderung.
- Formulieren Sie Ihre Strategie als Strategie der Veränderungsführerschaft. Was wäre die Spitze des Veränderungswettbewerbs? Wie wollen Sie diese Spitze erreichen?
- Führen Sie eine genügende Anzahl von Pilotprojekten. Das sind die Spielfelder für die Veränderungen von morgen. Hier sammeln Sie die notwendigen Erfahrungen.
- Geben Sie der Zukunft ein separates Budget. Es sollte bei zehn bis zwölf Prozent Ihrer gesamten Ausgaben liegen.[83] Und erwarten Sie die greifbaren Resultate mittel- und längerfristig.
- Bauen Sie auf Ihre unerwarteten Erfolge und positiven Ausnahmen. Erfolge sind die Lösungen von gestern; das ist klar. Unerwartete Erfolge und positive Ausnahmen sind aber auch Zukunftsfenster. Was können Sie daraus für die Zukunft lernen?

---

[83] So schlägt es PETER DRUCKER (1999): Management im 21. Jahrhundert, Seite 131, vor. Das ist natürlich zunächst eine plakative Größe. Entscheidend ist der Unterschied, den es macht, Veränderungsführerschaft als strategische Fragestellung überhaupt einzuführen und mit Investitionen zu hinterlegen.

Wer will, dass die Welt so bleibt,
wie sie ist, der will nicht, dass sie bleibt.
Erich Fried

Führung ständiger Veränderung – Veränderung als Strategie

Veränderungen in und mit Unternehmen, das heißt von Menschen, die etwas miteinander unternehmen wollen, geschehen nicht nach Naturgesetzen. Es sind Menschen, welche sie in Angriff nehmen und verursachen. Wir sind ihnen nicht ausgeliefert. Wir haben die Möglichkeit, uns an die Spitze zu stellen und zu führen. Das ist auf jeden Fall die günstigste Position. Fortschritt und Geschwindigkeit bestimmen Sie hier so, wie es Ihnen passt. Veränderungsführerschaft, das Führen ständiger Veränderung, ist eine Schrittmacher-Strategie. Werden Sie Schrittmacher der Veränderung in Ihrem relevanten Umfeld. Und wenn Sie es noch nicht sind, dann streben Sie es an.

1. Streben Sie an, sich an die Spitze der Veränderung zu stellen
Heute sind wir als Führungskräfte meistens in mehrere Veränderungsprozesse involviert, die wir entweder selbst oder die andere initiiert haben. Es geht um Komplexität und um Strategien, in komplexen Situationen erfolgreich seine Ziele zu erreichen. Unterschiedliche Veränderungen können gegenläufig sein und sich widersprechen. Unterschiedliche Phasen machen aus Sicht der einen Veränderung ganz andere Maßnahmen nötig wie aus Sicht der anderen. Sie sollten wichtige von unwichtigen Veränderungen unterscheiden, regelmäßig Ihr Umfeld im Auge haben und eine klare Vorstellung haben, wie die einzelnen Vorhaben und Projekte sich zu einer schlüssigen Gesamtgeschichte zusammenfügen.

2. Entwickeln Sie eine schlüssige Gesamtgeschichte
Veränderung wird darin zu einer zentralen unternehmerischen Leistung und ist gleichzeitig Leistungsversprechen für Kunden und Beteiligte, die Leistungen auch in Zukunft erbringen zu können. Leistungsversprechen zusammen mit den Erwartungen, welche Ihre Kunden mit der Zukunft verbinden, sind der Kern Ihrer Unternehmensmarke. Die erzählte Geschichte des Unternehmens verbindet sich mit den Geschichten und Erfahrungen der Kunden und Beteiligten zu einer Unternehmensmarke oder „Unternehmenspersönlichkeit" als ein einzigartiges Profil und Leistungsversprechen.

3. Führen Sie ein Markenunternehmen

Veränderungsfähigkeit ist eine organisationale Kompetenz: Dazu gehört die Veränderungsfähigkeit von einzelnen Personen und von Teams und Gruppen im Unternehmen. Das Erlernen und Entwickeln dieser Fähigkeit braucht gemeinsame Zeit und gemeinsamen Raum. Für die Beteiligten des Unternehmens ist eine gewisse Synchronisation notwendig. Beim Miteinander-Lernen entsteht eine gemeinsame Sicht der Dinge, eine gemeinsame Erfahrung und Geschichte.

4. Führen Sie Ihr Unternehmen als lernende Organisation

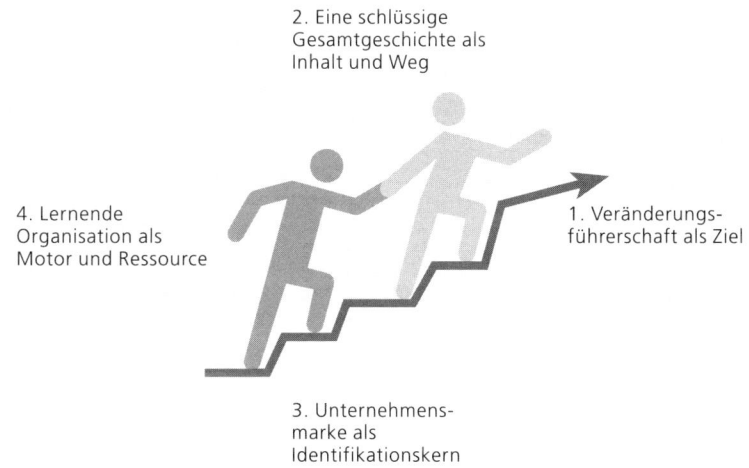

2. Eine schlüssige Gesamtgeschichte als Inhalt und Weg

4. Lernende Organisation als Motor und Ressource

1. Veränderungsführerschaft als Ziel

3. Unternehmensmarke als Identifikationskern

Abbildung 10: Die vier Dimensionen strategischer Veränderung

Diese vier Dimensionen des Führens ständiger Veränderung bilden einen einheitlichen Zusammenhang. Sie sind systematisch aus der Vorstellung eines Unternehmens als gemeinsamem Handeln abgeleitet[84]: (1) strategi-

---

[84] Wie auch das Modell der Balanced Scorecard – KAPLAN ROBERT S.; NORTON DAVID P. (1996): The Balanced Scorecard- Translating Strategy into Action: Harvard. – Meine Darstellung soll hier nur einen Ausblick auf die Herausforderung für strategisches Management geben. Im Detail geht es darum, das richtige und passende Feld für Veränderungsführerschaft zu entwickeln, das die schon vorhandenen Stärken des Unternehmens entwickelt. Das ist der eigentliche Blickwechsel für strategisches Change Management, der heute ansteht. Zur Vertiefung verweise ich auf GÜNTER MÜLLER-STEWENS, CHRISTOPH LECHNER (2001): Strategisches Management – Wie strategische Initiativen zum Wandel führen, Stuttgart.

sches Ziel, (2) Mittel und Weg, (3) Beteiligte und (4) Ressourcen. Mit der Ausarbeitung dieser vier Dimensionen können Sie eine vollständige Veränderungsstrategie für Ihr Unternehmen formulieren. Veränderung wird dadurch selbst zum strategischen Thema der Unternehmensentwicklung.

> Das Leben ist beständige Erneuerung.
> John Dewey

Gestaltung und Führung einer Veränderungskultur

Ein weiterer Aspekt ist wichtig für die Praxis. Für Führungskräfte geht es nicht nur um ein einziges Veränderungsprojekt. Und Veränderung hört nicht auf, wenn eine bestimmte Veränderung geschafft ist, sondern ist Normalfall der Unternehmensentwicklung. Effiziente Führung braucht die Etablierung einer leistungsfähigen Veränderungskultur, die neue Veränderung leichter und besser meistert. Kulturveränderung und Kulturentwicklung kann man zwar nicht direkt steuern (vergleiche erstes Kapitel); Kultur verändert und entwickelt sich aus sich selbst. Sie können allerdings die Bildung von bestimmten Regeln, Handlungsmustern und Wertvorstellungen fördern, die Veränderungen erleichtern und die Realisierung von Veränderungen in die Identität der Organisation aufnehmen.

Regeln, Handlungsmuster und Wertvorstellungen sind in Geschichten verbunden; sie bilden ein narratives Bedeutungsfeld. Es geht also um die Geschichte, die Veränderung zu einer guten Geschichte macht. Daher fällt Veränderung in Unternehmen leichter, die schon gute Erfahrungen mit Veränderungen gemacht haben. Das Umgekehrte gilt auch: Die in vielen Unternehmen festzustellende Veränderungsmüdigkeit (englisch: „change fatique") ist weniger ein Resultat der Vielzahl der durchlaufenen Veränderungen, als der schlechten Erfahrungen mit mehr oder weniger misslungenen Veränderungen oder Veränderungen, die zumindest als Misserfolge wahrgenommen wurden.

Vermeiden Sie deshalb abstrakte Begriffe wie „Flexibilität", „Instabilität" oder auch „Schnelligkeit", wenn Sie über den Zielhorizont von Veränderung sprechen. Das weckt eher Vorstellungen der Fremdbestimmung, der Unsicherheit und Angst oder leeren Aktionismus. Nicht Flexibilität, sondern die Bereitschaft, seine Rolle zu ändern, sich in Frage zu stellen, Neues auszuprobieren, an seine Grenzen zu gehen ist gefragt. Den Veränderungswettbewerb gewinnt nicht, wer am frühesten aufsteht, sondern wer am ausgeschlafensten ist. Die Geschichte ist spannend oder sie ist es nicht. Ich tue, was ich tue und leiste meinen Beitrag, gebe mein Bestes, dass es eine gute Geschichte wird.

Eine leistungsfähige Veränderungskultur entsteht in Unternehmen (nur) durch die Erfahrung gelungener und erfolgreicher Veränderungen.

Die geschichtliche Betrachtung ändert ein wenig die Blickrichtung der Frage nach der Veränderungskultur: Eine leistungsfähige Veränderungskultur entsteht in Unternehmen durch die konkrete Erfahrung gelungener und erfolgreicher Veränderungen. Es sind die Geschichten und Erlebnisse von Veränderungen, welche eine Unternehmenskultur als Veränderungskultur prägen, und einen Schatz an Regeln, Handlungsmustern und Werten bereitstellen, die neue Veränderungen erleichtern und unterstützen. Die gezielte glaubwürdige Erarbeitung und Kommunikation dieser Geschichten ist die wirksamste Intervention, den Prozess der Selbstorganisation einer Veränderungskultur zu unterstützen. Und natürlich sind Sie auch selbst das beste Vorbild und Hauptperson von Geschichten über gelungene Veränderung.

Finden Sie die besten Veränderungsgeschichten in Ihrem Unternehmen: Welche Vorstellungen und Metaphern für Veränderung werden darin gebraucht? Was sind die inhaltlichen Leitthemen? Welche Werte oder Wertveränderungen liegen den in den Geschichten dargestellten Handlungen zu Grunde? Welche Handlungsmuster stellen sich als erfolgreich heraus? Welche Muster lassen sich übertragen?

Und doch lassen sich aus der Erfahrung mit erfolgreichen Veränderungen auch Eigenschaften oder Züge einer Unternehmenskultur darstellen, deren Herausbildung Sie in der Führung aktiv unterstützen können.

Gute Arbeitsatmosphäre und Zusammenhalt fördern Sie durch Teamorientierung in den Lohnsystemen und positive Würdigung gegenseitiger Unterstützung. Unternehmen mit einer positiven Veränderungskultur haben Regeln und Abläufe gefunden, allfällige Verlierer nicht auszugrenzen, sondern entweder zu integrieren oder eine von beiden Seiten akzeptierte Trennung zu ermöglichen.

Kreative Unruhe ist das ständige Ausschauhalten aller Beteiligten nach Verbesserungsmöglichkeiten. Prozessregeln für Innovation und Verbesserung helfen dabei, nicht ständig hysterisch die neuesten Neuerungen auszuprobieren, sondern belastbare Experimente und Pilotversuche zu machen.

Offene Kommunikation ist nicht nur eine Worthülse, sondern wird auch von Ihnen vorgelebt. Dazu gehört Transparenz und offensive Information über Veränderung und auch der Respekt vor persönlichem Schutz. Man muss nicht über alles kommunizieren, um offen zu kommunizieren. Man kann über alles reden, muss es aber nicht; und es ist gut zu wissen, was das Feld der offenen Kommunikation ist.

Konfliktfähigkeit, Konflikte direkt und konstruktiv angehen, ist die Königsdisziplin der Veränderung. Konflikte und der positive Umgang mit Konflikten sind der Motor. Leistungsfähige Organisationen bilden das Konfliktgeschehen ihrer Umwelt in sich selbst ab und entwickeln beispielhafte Lösungen. Viele Unternehmen versuchen dazu, möglichst unterschiedliche Mitarbeiter aus unterschiedlichen Kulturen, Herkünften und Bildungsniveaus zu gewinnen. Diversität ist das Schlagwort. Wie viel Unterschiedlichkeit wollen Sie in Ihrem Unternehmen?

Konstruktive Fehlerkultur. Veränderungen gelingen leichter, wenn konstruktiv und offen mit Fehlern umgegangen wird: Fehler sind Investitionen in die Zukunft. Und nicht jeder Fehler ist ein Fehler. Oft bedeutet Fehler ja nur, dass eine Regel gebrochen wurde, die für gültig gehalten wurde.

Netzwerke. Netzwerke sind informelle Organisationsformen, die allein durch die persönliche Initiative der Beteiligten gestaltet werden. Sie bilden einen Schatz an Kontakten und Kooperationserfahrungen, mit dem Sie bei konkreten Herausforderungen schnell und unkompliziert die für ihre Lösung notwendigen Leistungsprozesse gestalten können und genau so schnell wieder ändern, wenn sich die Herausforderungen ändern. Leistungsfähige Netzwerke brauchen bewusste Pflege und aktive Führung.

Prozessorientierung. Auch die formale Organisation des Unternehmens sollte eine gewisse Prozessorientierung unterstützen. In der Praxis hat es sich allerdings nicht bewährt, die ganze Organisation nach ihren Leistungsprozessen auszurichten. Matrixorganisationen sind Übergangsstadien, die das Bisherige in Frage stellen und einen guten Rahmen für die Herausbildung neuer Organisationsformen ermöglichen. Auf Dauer überfordern sie allerdings die Beteiligten wegen ihrer Komplexität. Eine Orientierung an den Leistungsprozessen ermöglicht, die gefundenen Organisationslösungen leichter zu verändern und neue Wertschöpfungschancen zu erschließen.

Strategisches und unternehmerisches Mit-Denken. Mitarbeiter wollen in der Regel wissen, warum sie etwas tun oder nicht tun sollen. Strategisches und unternehmerisches Mitdenken zu fördern ist daher im Wesentlichen, Freiräume zu schaffen für das, was sowieso geschieht, wenn Mitarbeiter die Möglichkeit dazu haben. Gute Information und Kommunikation sind allerdings die Voraussetzung. Dann entwickeln Mitarbeiter nicht nur eigene Initiative, sondern sie halten auch den strategischen Rahmen ein, der das gemeinsame Handeln im Unternehmen steuert und begrenzt.

Disziplin der Resultate. Es kommt auf die Ergebnisse an! Was nicht umgesetzt wird, war auch nichts. Daran halten sich die Steuerungssysteme des Unternehmens genau so wie individuelles Handeln. Für CHARLES SANDERS PEIRCE[85] (gestorben 1914) ist die Anwendung dieser Regel des Evangeliums („An ihren Früchten sollt ihr sie erkennen." Mt. 7, 16) das Prinzip pragmatischen Denkens und Philosophierens. Resultate zu erreichen ist eine Disziplin, eine Übung, und kann auch nur durch Disziplin und Übung erreicht werden. Ohne die Umsetzung im Handeln und ohne wahrnehmbare Ergebnisse wissen Sie nicht, was Ihr Denken in der Realität wert ist.[86]

---

[85] CHARLES SANDERS PEIRCE (1879): How to make our Ideas clear.
[86] Die moderne Managementfassung des pragmatischen Prinzips „Execution – The Discipline of getting Things done" von LARRY BOSSIDY und RAM CHARAN (2002) ist es auf jeden Fall wert, gelesen zu werden.

Ändere die Welt, sie braucht es.

Bertolt Brecht

Handwerk der Freiheit

Die Form von Veränderungen in Unternehmen ist die Veränderung des Geschäfts. Neue Leistungen und die neue Organisation von Leistungen erhöhen den Mehrwert für das Unternehmen genauso wie für seine Kunden. Das ist das Kalkül des ökonomischen Austausches. Die Richtung und der Inhalt aber der Führung von Veränderungen in Unternehmen ist die Verwirklichung von (mehr) Freiheit.[87] Was nicht Bezug auf Freiheit hat, macht für die Beteiligten keinen wahrnehmbaren Sinn.

Das ist nicht immer einfach herauszuarbeiten. Aus dem ökonomischen Kalkül heraus genügt es zur Begründung einer Veränderung, wenn sie zur Verbesserung der finanziellen Resultate beiträgt. Und das ist ja auch gut so. Die Beteiligten aber wollen immer wieder auch an den Sinn der Veränderung erinnert werden.

Der Geist des Veränderns wird (nur) erlebt in der Verwirklichung von Freiheit.

Menschen haben ein gutes Gespür dafür, was dazu beiträgt und was nicht. Die Verbindung eines Veränderungsvorhabens als Beitrag zur Verwirklichung von (mehr) Freiheit, ist daher ein gutes Prüfverfahren, für seine konkrete Überzeugungskraft.

Führe Veränderungen so, dass sie ein Beitrag zur Verwirklichung von Freiheit sind.

Der Beweggrund wirtschaftlicher Resultate ist die konkrete Verbesserung, der Wertbeitrag zu einer Verbesserung des Lebens von Menschen auf dieser Welt. Das ist die Basis des Geschäfts oder des Leistungsauftrags. Wer seinen Kunden, Kapitalgebern, Mitarbeitern und der Gesellschaft keinen fassbaren Mehrwert zur Verfügung stellt, verliert seine Existenzberechtigung. Der Inhalt der Veränderung ist die Befreiung von uns fesselnden Umständen und Bedingungen, die auf Dauer die Existenz

---

[87] Vergleiche oben S. 37ff.

des Unternehmens gefährden, hin zu der Vervielfältigung seiner Möglichkeiten zu Verbesserungen beizutragen.

Darin machen erfolgreiche Unternehmen und Organisationen einen Unterschied. Mit exzellenten Produkten und Leistungen tragen sie zur „Weltverbesserung" bei. Sie schaffen „Mehr"-Wert im Sinne von „mehr" Nutzen als Kosten. Und das schaffen sie nicht nur ein Mal. Die Leistungsprozesse sind darauf ausgerichtet, das immer wieder und immer wieder neu zu tun. Moderne Unternehmen für Nahrungsmittel bieten ihren Kunden die Möglichkeit ausgewogener und gesunder Ernährung, Pharmaunternehmen realisieren immer wirksamere und bessere Medizin, Versicherungen gestalten für ihre Kunden eine sinnvolle Risikovorsorge, Verkehrsunternehmen preiswerte und individualisierbare Mobilität, Kliniken Gesundheitsdienstleistungen.

Einige Leserinnen und Leser werden an dieser Stelle einwenden, dass meine Betrachtungsweise doch recht einseitig sei: Der Beitrag von Kampfpanzern, Genfood oder braunem Zuckerwasser zur Weltverbesserung sei doch eher zweifelhaft. – Stimmt. Es kommt darauf an, was wir als Personen und als Weltgemeinschaft politisch wollen.[88] Marktsteuerung in gegebenen politischen Rahmenbedingungen funktioniert weder immer noch führt sie automatisch zu guten Ergebnissen. Als Personen, die eine Mitverantwortung für ihr Unternehmen haben, können Sie sich entscheiden und haben dafür die Verantwortung. Marktwirtschaft ist keine Ideologie, sondern ein Regelwerk für effiziente und gerechte Güterverteilung bei gleichzeitiger Entwicklung und Verbesserung der Produkte und Leistungen. Was und wie Produkte und Leistungen zur Entwicklung individueller und gemeinsamer Freiheit beitragen, ist selbst oft strittig und sollte auch erst dann politisch entschieden werden, zum Beispiel im Umweltschutz, wenn politisch deutlich wird, dass die Marktsteuerung nicht genügend funktioniert und auf Dauer sogar zu einer Selbstgefährdung führt. Management kann in ein Dilemma kommen, wenn persönliche Überzeugung und manageriale Anforderung in einen Widerspruch kommen. Aus Sicht der Sinn- und Zweckhaftigkeit des Managements von Veränderungen gilt daher: die persönliche Überzeugung hat Priorität.

---

[88] Es gibt auch gute Argumente für die Erzeugung von braunem Zuckerwasser und von Kampfpanzern. Darüber dürfen und sollen wir streiten. Und es gibt gute Argumente für politische Rahmenbedingungen, die diese Arten der Geschäftstätigkeit erlauben.

Handle nach deiner Überzeugung.

Soweit zu erfolgreichen Unternehmen. Schmerzhafte Restrukturierungen, Auseinanderlegen oder Zusammenfügen von Unternehmen und Unternehmensteilen fügen sich in die Logik der wahrnehmbaren Verbesserung. Darum sind auch Mitarbeiter bereit, Veränderungen mitzutragen, solange sich das Unternehmen fair verhält. Natürlich gibt es auch Ängste und Widerstände. Es ist nun mal nicht angenehm, vielleicht seinen Arbeitsplatz zu verlieren und an Perspektiven zu arbeiten, die man selbst nicht mehr miterleben darf. Arbeitsplatzverlust ist in unserer Gesellschaft mit sozialer Degradierung verbunden und nicht mit Wertschätzung für den eigenen (emotionalen und materiellen) Beitrag an der Erneuerung von Wirtschaft und Gesellschaft. Da sind „Widerstände" nur vernünftig, wenn man versucht, Zeit zu gewinnen, um sich neu orientieren zu können. Vielleicht muss auch die Verhandlungsposition für Restzahlungen und Abfindungen und den Beitrag zur sozialen Sicherung durch den früheren Arbeitgeber ausgehandelt werden. Das ist Realität. Darum ist es notwendig, politische Vertretungen wie Arbeitnehmervertretungen und Gewerkschaften in die Veränderung mit einzubeziehen. Und das ist nicht einmal so sehr eine Frage der faktischen Macht, sondern eine Frage der Realität, die Sie wollen, um die gesellschaftlichen und politischen Rahmenbedingungen für erfolgreiche Veränderung zu gestalten.

Das ist nicht mehr Thema dieses Buches. Aber Sie sind ja nicht nur Veränderungsführer, sondern auch Bürger, politisches Subjekt, Familienmensch und Leser von Kriminalromanen. Machen Sie eine gute Geschichte daraus.

Anhang

Probleme von heute sind die Lösungen von gestern.

Sprichwort

Wie Veränderung funktioniert: ein Praxisfall

Das Unternehmen aus der IT-Branche ist darauf spezialisiert, für große Unternehmen, staatliche Verwaltungen und weltumspannende Konzerne Beratungs- und Unterstützungsleistungen zu geben. Für die Kunden der Serviceabteilung, um die es geht, ist es wichtig, dass bei einer Störung oder beim Auftreten eines Fehlers ihr System möglichst schnell wieder funktioniert. Da es einfach zu teuer ist, Spezialisten 24 Stunden auf Abruf zu halten, waren schon vor Jahren sehr differenzierte Dienstleistungspakete geschnürt worden, die einerseits den Kunden eine hohe Leistungsbereitschaft garantierten, andererseits durch die Unterscheidung von einfachen und schwierigen Fällen, einen niedrigen und stabilen Preis ermöglichte. Stufe 1 klärt die Frage am Telefon. Wenn es eine einfache Frage ist, wird sie sofort gelöst. Braucht es umfangreichere Beratung, gibt ein Berater auf Stufe 2 innerhalb von zwei Stunden einen Rückruf. Ist auch damit keine Lösung möglich, wird das Problem auf Stufe 3 einem Spezialisten übergeben, der innerhalb von sechs Stunden, die Fragestellung entweder am Telefon beantwortet oder eine Terminvereinbarung innerhalb weiterer sechs Stunden realisiert.

Am Anfang waren die Kunden recht zufrieden. Sie bekamen relativ schnell eine Unterstützung und bezahlten nur die Leistung, die sie wirklich in Anspruch nahmen. In den ersten 18 Monaten wuchs der Bereich über Outsourcinggeschäfte von 50 auf fast 200 Mitarbeiter.

Nach drei Jahren änderte sich die Situation. Kunden reklamierten wegen immer schlechterer Qualität der Beratungsleistung. Gleichzeitig zeigten die Controller, dass mit der Betriebsunterstützung immer weniger Geld verdient wurde.

Wahrscheinlich haben Sie schon vermutet, wo die Schwierigkeiten mit diesem System liegen. Einmal ist es zu einer Konkurrenz zwischen Stufe 1 und Stufe 2 gekommen. Mitarbeiter werden hier nach Zahl der Lösungen bezahlt. Stufe-1-Mitarbeiter konnten sich mit der wachsenden Er-

fahrung weiter qualifizieren und immer öfter schon die Lösung bereitstellen, sie wurden zunehmend selbstbewusster. Die Qualifizierung der
Mitarbeiter ging allerdings auf Kosten der Qualität beim Kunden: Es gab
viele Pannen und Fehlschläge, weil die Mitarbeiter erst mal eigene Lösungen „ausprobieren" wollten. Probleme, die nicht gleich gelöst werden
konnten, wurden zunächst lieber an den Kollegen der gleichen Stufe weitergegeben, um die Gehaltsprämien der eigenen Gruppe zu sichern. War
ein Fall einmal zu einem Stufe-2-Mitarbeiter durchgedrungen, ließ dieser ihn natürlich nicht mehr los. Seltener und meistens sehr spät erreichten also gravierende Probleme des Kunden die wirklichen Spezialisten,
die aber für einen 24-Stunden-Telefon-Bereitschaftsdienst bezahlt werden müssen. Dazu kam, dass die Spezialisten wegen ihrer seltenen Kundenkontakte sich oft den Gesamtzusammenhang des Problems immer
wieder neu erarbeiten mussten. Das ist für den Kunden teuer, allerdings
billig im Verhältnis zum Wertschöpfungsbeitrag, den ein Spezialist in einem anderen Beratungsauftrag erzielen kann.

Damit öffnete sich eine organisatorische Schere immer höherer Kosten
für das Unternehmen bei gleichzeitigen Qualitätseinbußen für die Kunden. Gleichzeitig standen Vertragsverhandlungen mit einem Schlüssel-
kunden ins Haus. Und ein Mitbewerber hatte sich mit einem, wie man
hört, finanziell äußerst interessanten Angebot ins Gespräch gebracht.
Darum konnte man im Moment auf keinen Fall etwas am Preisrahmen
und der Leistungsvereinbarung ändern. Ein Folgeauftrag war jedoch nur
zu gewinnen, wenn es zu einer deutlich wahrnehmbaren Qualitätsver-
besserung kommt.

Nach der eingehenden Analyse eines externen Beraters, hinterlegt mit einer Staffel von 20 Interviews mit Schlüsselpersonen und Kunden, wurde
die von ihm skizzierte Lösung beschlossen: Statt Teams auf Stufenebene
sollten Kundenteams jeweils für einen oder mehrere Kunden gebildet
werden. Die Stufenunterscheidung sollte intern wegfallen. Stufe-3-Mit-
arbeiter werden virtuell den einzelnen Teams zugeordnet. Jedes Team
hätte die direkte Verantwortung für die Lösung des Kundenproblems.
Ein Koordinator soll die Ressourcen und Leistungen für den jeweiligen
Kunden steuern. Damit würde die Qualifikation der Mitarbeiter der Stufen 1 und 2 kundenspezifisch weiter erhöht werden. Stufe-3-Mitarbeiter
würden nur noch als „Nothelfer" und Ausbilder fungieren und nur dann

mit dem Kunden direkten Kontakt haben, wenn eine Anwesenheit vor Ort unumgänglich war. Die Zahl der Stufe-3-Mitarbeiter würde sich reduzieren. Gleichzeitig die Qualität der Unterstützung auf den Stufen 1 und 2 steigen, so dass Stufe 3 nur noch in seltensten Fällen wirklich notwendig wäre. Und die Kundenteams wären bald so weit qualifiziert, sehr schnell zu erkennen, wann nur ein wirklicher Spezialist etwas ausrichten kann. Das Elegante an dieser Lösung wäre, dass kein Mitarbeiter seinen Arbeitsplatz wechseln müsste. Büros, Schreibtische und Hardware würden unverändert bleiben. Nur die Zuordnung der Mitarbeiter zu den Teams würde sich ändern.

Der Bereichsleiter erklärte in einer Mitarbeiterversammlung, wie die Umstrukturierung aussehen sollte. Die neuen Teams wurden zusammengestellt, Handbücher umgeschrieben und die Koordinatoren durchliefen ein mehrtägiges Training für ihre neue Aufgabe. Die neue Organisation sollte am 1. März in Kraft treten. An diesem Tag besuchte ein Geschäftsleitungsmitglied jedes einzelne neue Team und erklärte, wie wichtig die Veränderung sei.

Nach einem Monat stellte das Managementteam fest, dass die neue Organisation irgendwie nicht funktionierte. Zunächst hatte man es den normalen Problemen zugerechnet, die es immer bei Organisationsänderungen gibt. Die Leute in den Teams arbeiteten nicht zusammen, sondern versuchten es weiterhin mit individuellen Problemlösungen. Kunden beklagten weiterhin mangelnde Qualität und langsame Bedienung bei schwierigen Fällen. Eine nähere Untersuchung ergab, dass insbesondere die Koordinatoren versuchten, Kundenprobleme auf ihrer jeweiligen ursprünglichen Stufe zu halten. Lieber fragten sie die alten Kollegen als das eigene Team.

Stellen Sie sich vor, Sie wären Mitglied des Bereichsmanagements. Mit dem starken Votum Ihres Vorgesetzten, insbesondere mit dem Verweis auf die notwendige Selbstverantwortung jedes Mitarbeiters, waren Ihre früheren Vorschläge, die Veränderung mit speziellen Maßnahmen zu unterstützen, abgelehnt worden. Jetzt gibt Ihnen der Bereichsleiter den Auftrag, die Umsetzung der Reorganisation federführend in die Hand zu nehmen. Was würden Sie tun?

Im Folgenden mache ich einige Vorschläge für Interventionen. Bewerten Sie diese vorläufig danach, inwiefern sie geeignet sind, die gegebene Situation in die Richtung funktionierende Kundenteams zu ändern. Was denken Sie, würde das die Veränderung unterstützen?

Bitte gehen Sie anschließend die Liste ein zweites Mal durch und bewerten Sie detailliert, wie viele Punkte Sie vergeben würden.

5 Punkte = Die höchste Bewertung. Sie schlagen vor, diese Maßnahme sofort umzusetzen.
4 Punkte = Das würde schon etwas bringen.
3 Punkte = Einerseits ja, andererseits nein – diese Punktzahl lieber nicht vergeben. Entscheiden Sie sich.
2 Punkte = Das ist wahrscheinlich vergebene Mühe. Die Erfolgsaussichten, mit dieser Intervention sind sehr gering.
1 Punkt   = Das sollte man nicht tun! Die Wirkung dürfte eher kontraproduktiv sein.

Vorschläge für Interventionen:

Führen Sie mit jedem Koordinator ein Vier-Augen-Gespräch. Darin machen Sie deutlich, dass Kundenfälle das Team nicht verlassen dürfen. Drohen Sie gegebenenfalls mit Sanktionen. _____

Laden Sie zu einer Mitarbeiterversammlung ein, auf der Sie noch einmal minutiös erklären, um was es bei der Veränderung geht. _____

Geben Sie jedem Mitarbeiter ein neues Organigramm. _____

Informieren Sie möglichst weit gestreut mit einem Faltblatt über Ihre persönliche Veränderungsphilosophie. _____

Machen Sie sich zunächst noch einmal selbst klar, worum es bei dieser Veränderung eigentlich geht und wovon eigentlich Abschied genommen werden muss. _____

Bitten Sie Ihren Personalentwickler um einen Vorschlag für ein Trainingsprogramm zum Thema Kooperation. _____

Erklären Sie dem Bereichsleiter, dass eine Umsetzung der Veränderung bis auf weiteres an der „Einzelkämpfer-Kultur" des Bereiches scheitern wird.

_____

Versuchen Sie herauszufinden, wer von der Veränderung profitiert und wer dabei etwas verliert. Bieten Sie den Verlierern (Stufe-2-Mitarbeiter) eine Kompensation an.   _____

Starten Sie eine Kampagne zu den Vorteilen der Teamarbeit. Lassen Sie Aufkleber und Anstecker drucken mit dem Text „Team gewinnt"._____

Erklären Sie Ihrem Kunden, mit dem Sie eine Vertragsverlängerung anstreben, Ihre Maßnahmen, die angemahnten Schwierigkeiten abzustellen. Bitten Sie ihn, offensiv das Gerücht zu streuen, dass er den Vertrag nicht verlängert.   _____

Versuchen Sie Ihren Mitbewerber als Benchmarkpartner zu gewinnen.   _____

Sorgen Sie dafür, dass jedes Kundenteam ein abgeschlossenes neues Büro bekommt.   _____

Machen Sie einen der Koordinatoren zum Changemanager. Er ist dafür verantwortlich, dass die Reorganisation in Zukunft auch praktisch umgesetzt wird.   _____

Diskutieren und klären Sie im Bereichsmanagement noch einmal offensiv die Ziele und erhofften Resultate dieser Veränderung.   _____

Analysieren Sie genau, welche Verhaltensweisen von Mitarbeitern nicht mehr vorkommen dürfen, und welche Verhaltensweisen tatsächlich erwünscht sind.   _____

Lassen Sie die Personalabteilung einen Vorschlag für die Neuregelung von Zielvereinbarung und Lohnsystem erarbeiten, welche die gewünschten neuen Verhaltensweisen tatsächlich unterstützt.   _____

Bringen Sie einzelne Teammitglieder in direkten Kontakt mit unzufriedenen Kunden.   _____

Verpflichten Sie alle Koordinatoren zur Teilnahme an einem Seminar „Veränderung erfolgreich führen".   _____

Initiieren Sie eine Großgruppenveranstaltung mit allen Mitarbeitern über drei Tage zur gemeinsamen Erarbeitung einer neuen Organisation, die von allen gutgeheißen wird.　　　　　　＿＿＿＿＿

Verlagern Sie die Arbeitsplätze der Kundenteams zu ihren Kunden. Bitten Sie die Kunden, an Standorten in der Nähe Raum dafür zur Verfügung zu stellen.　　　　　　＿＿＿＿＿

Nutzen Sie jede Möglichkeit, das Problem darzustellen, das mit der Reorganisation gelöst werden soll.　　　　　　＿＿＿＿＿

Verpflichten Sie die Koordinatoren, regelmäßig Teammeetings zu organisieren. Nehmen Sie so oft wie möglich an solchen Meetings teil, um für das Konzept der Teamarbeit zu werben.　　　　　　＿＿＿＿＿

Drohen Sie den Mitarbeitern, Sie würden das Unternehmen verlassen, wenn sich nicht bald was ändert. Es gebe andere Manager, die mit ihren Methoden eine solche Situation schnell im Griff hätten.　　　　　　＿＿＿＿＿

Hier ist noch Platz für Ihre eigenen Ideen.

_____

_____

_____

_____

_____

_____

_____

_____

_____

_____

_____

Gut, natürlich gibt es nicht die einzige richtige Antwort. Und natürlich gibt es nicht nur eine Antwort. Es kommt auf die Situation an. Und es gibt Erfahrungen, was wahrscheinlich eher in der gewünschten Richtung wirksam ist als anderes.

Erinnern Sie sich an die Ausgangssituation:

– Die Reorganisation in Kundenteams wird eigentlich von keinem der Beteiligten grundsätzlich in Frage gestellt.
– Sie hat zwar auf dem Papier stattgefunden, wird aber nicht gelebt.
– Bisher wurde in diesem Bereich Leistung als Leistung von Einzelnen verstanden.
– Tatsache ist auch, dass zumindest die Koordinatoren, aus ihrer wahrscheinlich subjektiv begründbaren Sicht, den eingefahrenen Weg bevorzugen.

Die Veränderung ist im dritten Akt stecken geblieben. Führungsinterventionen dienen jetzt dazu, die Entscheidungskrise zu überwinden und den Mitarbeitern ein neues Verhalten bzw. einen neuen „mind set" von Denken, Fühlen und Handeln zu ermöglichen. Daneben ist die Gefahr groß, dass jetzt nicht nur die Veränderung stecken bleibt, sondern durch den fehlenden Erfolg das ganze System in eine prekäre Lage kommt, wenn für den Kunden keine Verbesserungen erreicht werden.

Im Folgenden stelle ich meine eigene Bewertung und Begründung dar. Entscheiden Sie selbst, wo Sie mir folgen wollen und wo Sie vielleicht eine abweichende Ansicht haben. Vergleichen Sie dann mit Ihrem eigenen Votum.

5 Punkte = Die höchste Bewertung. Ich schlage vor, diese Maßnahme sofort umzusetzen.

Machen Sie sich zunächst noch einmal selbst klar, worum es bei dieser Veränderung eigentlich geht und wovon eigentlich Abschied genommen werden muss. Mit Ihrer neuen Verantwortung sind Sie wesentlicher Teil der Veränderung. Um wirksam zu führen, brauchen Sie für sich Klarheit. Durch meinen früheren Vorstoß Richtung Unterstützungsmaßnahmen bin ich etwas voreingenommen. Ich fühle mich im Recht. Andererseits ist mir auch klar, dass die bei uns gelebte Kultur individueller Leistung und Verantwortung nicht „kollektiviert" werden darf.

Diskutieren und klären Sie im Bereichsmanagement noch einmal offensiv die Ziele und erhofften Resultate dieser Veränderung. Auch dafür 5 Punkte. Nicht nur, weil es sehr störend ist, wenn Mitarbeiter aus dem Leitungsteam unterschiedliche Botschaften hören, sondern weil den Mitarbeitern augenscheinlich nicht klar ist, welche Verhaltensänderung von ihnen im Einzelnen erwartet wird. In den Mittelpunkt dieser Diskussionen würde ich besonders die Notwendigkeit der Veränderung stellen und die Konsequenzen für den Bereich, wenn die Veränderung nicht umgesetzt wird.

Analysieren Sie genau, welche Verhaltensweisen von Mitarbeitern nicht mehr vorkommen dürfen, und welche Verhaltensweisen tatsächlich erwünscht sind. Das ist jetzt Ihre Ausarbeitung. Jetzt sind Sie bereit, Ihren Mitarbeitern gegenüber die Rolle des Veränderungsführers wahrzunehmen.

Lassen Sie die Personalabteilung einen Vorschlag für die Neuregelung von Zielvereinbarung und Lohnsystem erarbeiten, welche die gewünschten neuen Verhaltensweisen tatsächlich unterstützt. Die gewünschten Verhaltensweisen der Mitarbeiter passen nicht zum bisherigen Führungssystem von Zielen und Belohnung. Mitarbeiter verhalten sich in der Regel intelligent. Ohne die Lösung dieses Widerspruchs wird es gar nicht weiter gehen.

4 Punkte = Das würde schon etwas bringen.

Verpflichten Sie die Koordinatoren, regelmäßig Teammeetings zu organisieren. Nehmen Sie so oft wie möglich an solchen Meetings teil, um für das Konzept der Teamarbeit zu werben. Ja, ich weiß, die Koordinatoren haben offiziell keine Führungsaufgabe. Die Realität in den Unternehmen, die ich kenne, ist anders. Die Führung über die Linie ist nach meiner Erfahrung das wirksamste Instrument zur Realisierung von Veränderung. Die Besprechung im Team erhöht die gegenseitige Verbindlichkeit.

Führen Sie mit jedem der Koordinatoren ein Vier-Augen-Gespräch. Darin machen Sie deutlich, dass Kundenfälle das Team nicht verlassen dürfen. Drohen Sie gegebenenfalls mit Sanktionen. – Das mit den Sanktionen würde ich natürlich lassen. Es besteht schlicht kein Grund dafür. Sanktionen sind nur das „letzte" Mittel, da die negativen Konsequenzen von der Demotivation bis zur inneren Kündigung erheblich sind. Sonst unterstreichen Vier-Augen-Gespräche Ihre Glaubwürdigkeit und den Ernst der Situation.

Versuchen Sie herauszufinden, wer von der Veränderung profitiert und wer dabei etwas verliert. Bieten Sie den Verlierern (Stufe-2-Mitarbeiter) eine Kompensation an. Wenn sich Mitarbeiter ungerecht behandelt fühlen, tragen sie die Veränderung nicht mit. Bei jeder Veränderung gibt es Profiteure und Verlierer. Das gilt es anzuerkennen und zu würdigen. Eine Kompensation für Status- oder Geldverlust ist vor allem ein Zeichen der Anerkennung.

Starten Sie eine Kampagne zu den Vorteilen der Teamarbeit. Lassen Sie Aufkleber und Anstecker drucken mit dem Text „Team gewinnt". Gerade in der Übergangsphase können solche Erinnerungshilfen sehr nützlich sein. Wenn der Arbeitsdruck hoch ist, kann es sogar unbewusst geschehen, dass ich wieder in meine alten Verhaltensweisen zurückfalle. Doch Vorsicht! Niemand darf als „nicht teamfähig" gebranntmarkt werden. Dass die Veränderung bisher nicht realisiert wurde, hat nichts mit den Fähigkeiten der Mitarbeiter zu tun, sondern ist einem Managementfehler zuzuschreiben.

Sorgen Sie dafür, dass jedes Kundenteam ein abgeschlossenes neues Büro bekommt. Eine mögliche Maßnahme, die wahrscheinlich schnell die Zusammenarbeit in den gegebenen Teams unterstützt. Die Erfahrung zeigt allerdings auch, dass die Organisation in diesen Kundenteams eine spezifische Lösung darstellt. Die „Zementierung" durch Umbau oder Umzug würde eine neue Veränderung schwieriger machen.

Bitten Sie Ihren Personalentwickler um einen Vorschlag für ein Trainingsprogramm zum Thema Kooperation. Das wäre eine mögliche begleitende Maßnahme zur Entwicklung der kulturellen Identität. Das Programm könnte auch dazu anregen, neue Formen der Kooperation auszuprobieren. In der Regel ändern wir Menschen natürlich nicht unser Verhalten, weil wir es in einem Seminar gelernt haben, sondern weil es in dieser Situation Sinn macht.

Geben Sie jedem Mitarbeiter ein neues Organigramm. Insbesondere, wenn es nicht möglich ist, die Schreibtische zu wechseln oder umzuziehen, kann ein Organigramm als ein kleines Zeichen helfen, das Mitarbeitern hilft, sich ein klareres Bild vom Neuen zu machen.

3 Punkte = Einerseits ja, andererseits nein – diese Punktzahl lieber nicht vergeben.

Daran möchte ich mich halten.

2 Punkte = Das ist wahrscheinlich vergebene Mühe. Die Erfolgsaussichten mit dieser Intervention sind sehr gering.

Bringen Sie einzelne Teammitglieder in direkten Kontakt mit unzufriedenen Kunden. Ein sonst sehr wirksames Instrument. In diesem Fall aber gehe ich davon aus, dass die Mitarbeiter wirklich genügend Kontakt mit ihren Kunden haben. Hier zusätzlich etwas zu organisieren wäre ein Eingriff in ihre Selbständigkeit.

Nutzen Sie jede Möglichkeit, das Problem darzustellen, das mit der Reorganisation gelöst werden soll. In einer hierarchisch geprägten Umgebung sehr wirksam. In diesem Fall bevorzuge ich die Kommunikation über die Koordinatoren.

Verpflichten Sie alle Koordinatoren zur Teilnahme an einem Seminar „Veränderung erfolgreich führen". Kommt wahrscheinlich zu spät. Wäre auch irgendwie unpassend, da die Koordinatoren mit einer anderen Aufgabe eingeführt wurden. Zum jetzigen Zeitpunkt würde es fast wie eine Art Strafe verstanden werden.

1 Punkt = Das sollte man nicht tun! Die Wirkung dürfte eher kontraproduktiv sein.

Laden Sie zu einer Mitarbeiterversammlung ein, auf der Sie noch einmal minutiös erklären, um was es bei der Veränderung geht. Diese Intervention markierte den Start der Veränderung. Sie wurde schon ein Mal benutzt. Das Zeichen würde als Versuch eines Relaunchs, eines Neuanfangs, verstanden. Das widerspricht auch dem Auftrag des Bereichsleiters.

Initiieren Sie eine Großgruppenveranstaltung mit allen Mitarbeitern über drei Tage zur gemeinsamen Erarbeitung einer neuen Organisation, die von allen gutgeheißen wird. Meine Argumente dagegen sind ähnliche wie

beim obigen Punkt. Es geht nicht darum, einen neuen Veränderungsprozess anzustoßen, sondern darum, die Krise zu überwinden.

*Informieren Sie möglichst weit gestreut mit einem Faltblatt über Ihre per-
sönliche Veränderungsphilosophie.* Es geht nicht darum, aus sich einen
„Affen" zu machen. Dass der Bereichsleiter Sie als Krisenmanager be-
auftragt hat und damit auch einen Fehler zugibt, heißt nicht, dass Sie in
eine konkurrierende Rolle gehen dürfen. Leadership zeigen bedeutet hier
zu erst einmal Bescheidenheit. Man wird Sie an den Resultaten messen.
Erklären Sie dem Bereichsleiter, dass eine Umsetzung der Veränderung
bis auf weiteres an der „Einzelkämpfer-Kultur" des Bereiches scheitern
wird. Auch hier können Sie merken, welche große Verantwortung Sie
selbst für eine angemessene Gestaltung der Rolle des Veränderungsma-
nagers haben.

*Erklären Sie Ihrem Kunden, mit dem Sie eine Vertragsverlängerung an-
streben, Ihre Maßnahmen, die angemahnten Schwierigkeiten abzustellen.
Bitten Sie ihn, offensiv das Gerücht zu streuen, dass er den Vertrag nicht
verlängert.* So etwas geht leicht nach hinten los, da Kunden sich ungern
für die Reparatur von Fehlern des Zulieferers einspannen lassen. Jede Intervention, welche die Realitätswahrnehmung der Mitarbeiter erschwert,
verbietet sich in dieser Phase. Grundlage für die Veränderung ist eine
möglichst klare Realitätswahrnehmung.

Versuchen Sie Ihren Mitbewerber als Benchmarkpartner zu gewinnen. In
dieser Phase kontraproduktiv. Welchen der Leistungsprozesse wollen Sie
denn benchmarken, den alten oder den neuen?

*Verlagern Sie die Arbeitsplätze der Kundenteams zu ihren Kunden. Bitten
Sie die Kunden, an Standorten in der Nähe Raum dafür zur Verfügung zu
stellen.* Das würde höchstwahrscheinlich mittelfristig den Verlust der Ge-
schäftsgrundlage bedeuten.

*Machen Sie einen der Koordinatoren zum Changemanager. Er ist dafür
verantwortlich, dass die Reorganisation in Zukunft auch praktisch umgesetzt wird.* Hier wird aus Delegation Flucht aus der Verantwortung.
Außerdem wäre es eine vollkommene Überforderung. Die schlechteste aller Möglichkeiten.

Wegbeschreibung für die Führung von Veränderung

1. Reisevorbereitungen und Aufbruch
- Entdecken und finden Sie Ihre persönliche Veränderungsgeschiche
- Machen Sie ein erstes Grobkonzept
- Formulieren Sie Veränderungsziele im Kontext der Unternehmensstrategie
- Prüfen Sie, ob und wie die Veränderung zum Zweck des Unternehmens passt
- Beschreiben Sie den Zweck der Veränderung
- Finden Sie eine Metapher für den Veränderungsprozess
- Kommunizieren Sie das dringliche Problem
- Kommunizieren Sie das Problem und nicht die Lösung
- Kommunizieren Sie, sobald Ihre eigene Überzeugung stark genug ist und die anderen Beteiligten die Notwendigkeit sehen können
- Achten Sie besonders auf wirksame interne Kommunikation
- Erzählen Sie bei jeder Gelegenheit die Veränderungsgeschichte
- Machen Sie sich selbst klar, was geändert werden muss
- Identifizieren Sie die beteiligten Verantwortungsgruppen und ihre Kommunikationsrollen
- Binden Sie die Verantwortungsgruppen und Machtzentren so mit ein, dass diese ihre Rolle spielen können
- Binden Sie auch Ihre Gegner frühzeitig mit ein
- Führen Sie die Besetzung der Hauptrollen
- Nutzen Sie gute Beratung
- Installieren Sie ein passendes Projektmanagement
- Geben Sie das Zeichen zum Aufbruch. Inszenieren Sie ein Ritual

2. Erster Erfolg, es gibt kein Zurück
- Finden Sie eine Sprungbrettgeschichte für Ihr Veränderungsvorhaben
- Gestalten Sie eine Veränderungsarchitektur
- Geben Sie den Beteiligten Bedeutung in einer „größeren Geschichte"
- Erkämpfen Sie einen ersten Erfolg
- Bestimmen Sie den Punkt, an dem es keine Umkehr mehr gibt
- Führen Sie die Führungskrise
- Inszenieren Sie weitere kleine Krisen und Erfolge
- Entschädigen Sie die Verlierer der Veränderung
- Bilden Sie ein Veränderungsteam als Keimzelle der Zukunft

3. Die Entscheidung und die neuen Regeln
– Führen Sie die Verlierer der Veränderung zur Anerkennung der Realität
– Gewinnen Sie die „kritische Masse"
– Setzen Sie explizit die neuen Regeln ein
– Harte Schnitte kommen sofort nach der Entscheidung
– Sagen Sie klar, was in Zukunft nicht mehr geht, und auf was Sie weiterhin bauen
– Symbolisieren Sie den Neuanfang

4. Die Umsetzung
– Machen Sie Ihre Mitstreiter zu Helden ihrer eigenen Geschichte
– Gestalten Sie den Kulturwandel aktiv
– Gestalten Sie systematische Lernprozesse
– Realisieren Sie die Praxis der lernenden Organisation
– Passen Sie Strukturen und Belohnungssysteme an. Achten Sie auf Details
– Sanktionieren Sie Verstöße gegen die neuen Regeln
– Lernen Sie Krisen schätzen

5. Abschluss der Veränderung
– Regeln Sie die Nachfolge in der Führung
– Verkünden Sie erst das Ende, wenn es geschafft ist. Feiern Sie
– Geben Sie Raum für die Rückkehrerfahrung. Setzen Sie einen Endpunkt
– Stabilisieren und festigen Sie das Erreichte
– Denken Sie an die nächste Veränderung
– Führen Sie ein (strategisches) Portfolio der anhängigen Veränderungen
– Beobachten Sie regelmäßig und systematisch das Umfeld Ihres Unternehmens und Ihrer Organisationseinheit
– Sorgen Sie dafür, dass die Veränderung für die Beteiligten Sinn macht. Erzählen Sie die ganze Geschichte

Ausgewählte Literatur für Veränderungsführer

Bibel – Altes und Neues Testament.
Hier verwende ich die Einheitsübersetzung der Katholischen Bibelanstalt Stuttgart
von 1980.

Aristoteles (um 350 v. Chr.): Nikomachische Ethik und Poetik.
Über 1000 Jahre lang bis in das 16. Jahrhundert begannen alle Literaturverzeichnis-
se der westlichen Welt mit dem Namen Aristoteles. Die Nikomachische Ethik ist das
Skript öffentlicher Vorträge für Bürger („Tugendethik"). Immer noch gültig darin
sind die Vorstellungen, wie Handeln in Bezug auf Ziele und Zwecke funktioniert. Die
Poetik ist die wichtigste Referenz für den heute so genannten „narrativen Ansatz",
Handeln im Zusammenhang als eine Art des Erzählens zu verstehen. – Beide Schriften sind zumindest in Teilen gut zu lesen und werden in wohlfeilen Ausgaben angeboten.

**Baecker, Dirk (1994): Postheroisches Management – ein Vademecum,
Berlin.**
Eine Schatztruhe mit Anregungen und Geistesblitzen aus der Sicht systemischer Managementlehre und darin die beste Einführung. - Ich weise auf diesen kleinen Band
hin, da Dirk Baecker in den letzten Jahren als einer der kreativsten deutschen Ma-
nagementdenker gelten darf.

**Bakke, Dennis W. (2005): Joy at Work – a revolutionary Approach to
Fun on the Job, Seattle.**
Das geht zu Herzen. Dennis Bakke erzählt die Geschichte eines großen US-Energie-
unternehmens bei der Umsetzung einer einfachen Lebensweisheit: „Wer Freude an
seiner Arbeit hat, arbeitet besser und engagierter. Und das ist auch gut für das Unternehmen."

**Bossidy, Larry; Charan, Ram (2002): Execution – the Discipline of Get-
ting Things done, New York.**
Das ist eines meiner Lieblings-Managementbücher in seiner konsequenten Umsetzung
eines pragmatischen Managementansatzes.

**Doppler, Klaus; Lauterburg, Christoph (1994): Change Management –
den Unternehmenswandel gestalten, Frankfurt.**
Die umfangreiche und detaillierte Darstellung der Herausforderungen und Vorgehensweisen von Change Management ist nach wie vor einzigartig. Das Verdienst der
Autoren ist vor allem, die Frage nach der Gestaltung von Veränderungen in Unternehmen im deutschsprachigen Raum präzise zu formulieren und pragmatisch mit einer reichhaltigen Sammlung von Vorgehensweisen und Instrumenten zu beantworten.

Drucker, Peter F. (1999): Management im 21. Jahrhundert, München.
Der Nestor der amerikanischen Managementlehre des letzten Jahrhunderts gibt einen Ausblick auf die wichtigsten Managementfragen für das 21. Jahrhundert: Wegweisung, Landkarte, Orientierung.

Fischer-Appelt, Bernhard (2005): Die Moses Methode – Führung zu bahnbrechendem Wandel, Hamburg.
Wenn die Zeit reif ist, entstehen unabhängig voneinander ähnliche Gedanken. An Beispielen bekannter Unternehmensführer arbeitet Fischer-Appelt das gemeinsame Grundmuster erfolgreicher Veränderung heraus. Eine schöne Ergänzung.

French, Wendell L.; Bell Cecil H. (1973): Organisationsentwicklung, Bern, Stuttgart.
Das ist die klassische Einführung zum Thema Organisationsentwicklung (OE). Im Unterschied zum handlungsorientierten Ansatz des Change Managements untersucht „Organisationsentwicklung" die sozialen Prozesse bei organisationalen Veränderungen. Ein gewisses Missverständnis der OE entstand bei dem Versuch, OE auch als Managementansatz zu verstehen.

Jost, Hans Rudolf (2003): Unternehmenskultur – Wie weiche Faktoren zu harten Fakten werden, Zürich.
Gerne empfehle ich dieses Buch für alle, die einen kurzen und prägnanten Einstieg zum Thema Management der Unternehmenskultur suchen.

Königswieser, Roswita; Exner, Alexander (1999): Systemische Interventionen: Architekturen und Designs für Berater und Veränderungsmanager, Stuttgart.
Das ist eine umfangreiche und reichhaltige Sammlung von Interventionsvorschlägen aus einem architekturorientierten Ansatz für Veränderungsmanagement. Besonders hilfreich darin ein Modell, wie Managementinterventionen funktionieren. Gut als Vertiefung und Anregung.

Koestenbaum, Peter (2002): Leadership – The Inner Side of Greatness, San Francisco.
„Was kann ein Philosoph dem wirklichen Management sagen?" – Wahrscheinlich ist die Frage schon falsch gestellt: Philosophie gehört zum Management als Leadership. Verständlich und klar ordnet sich Peter Koestenbaum ein in die Reihe der großen praktischen Philosophen seit Isokrates (etwa 400 vor Christus), die philosophisches Denken in Beratung und Lehre als Orientierungsleistung bereit halten. Empfohlen sei auch seine Homepage www.pib.net.

Kotter, John P. (1996): Leading Change, Boston.
Ein gut verständliches Buch zur Einführung in das Thema Change Management für Führungskräfte.

Loebbert, Michael (2003): Storymanagement – Der narrative Ansatz für Management und Beratung, Stuttgart.

Hier gebe ich eine Einführung in den narrativen Ansatz. Das Buch ist das einzige deutschsprachige Grundlagenbuch und vor allem für Experten im Bereich Change Management geeignet.

Peirce, Charles Sanders (1879): How to make our Ideas clear.

Charles Sanders Peirce gilt als der Begründer des amerikanischen Pragmatismus. Trotz seiner herausragenden Stellung sind seine Schriften in Europa immer noch wenig bekannt.

Semler, Ricardo (1993): Das Semco System – Management ohne Manager, München.

Das ist inzwischen eine der klassischen Geschäftserzählungen („business tales"). Ricardo Semler ist nicht nur ein beeindruckender Unternehmer, sondern auch ein begnadeter Erzähler der Geschichte seines Unternehmens, seiner Krisen und Veränderungen.

Senge, Peter (1995): Die fünfte Disziplin, Stuttgart.

Seit dieser anwendungsorientierten Zusammenfassung des systemischen Managementansatzes sind Themen wie „lernende Organsiation" und „systemisches Denken" nicht mehr aus der Managementlehre wegzudenken. Das Buch wird auch in fünfzig Jahren noch ein Klassiker sein.

Ulrich, Dave u. a. (2003): The Change Champion's Fieldbook – Strategies and Tools for Leading Change in your Organization, New York.

Das ist eine eindrückliche und vor allem praxisorientierte Aufsatzsammlung namhafter Autoren. Warner Burke empfiehlt die Lektüre im Vorwort, da schon allein die Unterschiedlichkeit der dargestellten Erfahrungen und Ansätze den Leser von der Vorstellung einfacher Rezepte heilt.

Ausgewählte Internetseiten mit Ressourcen und Tools

http://www.change-management-toolbook.com/
von Holger Nauheimer stellt eine wachsende Zahl von überprüften Instrumenten zur Verfügung. Interessant ist die große Auswahl. Wegen der meist nur kurz gefassten Anwendungsbedingungen vor allem für den versierten Praktiker nützlich.

http://www.ogc.gov.uk/sdtoolkit/index.html
Das ist eine wirklich reichhaltige Fundgrube wichtiger Managementwerkzeuge. Sie wird von der britischen Regierung für ihre Führungskräfte in der staatlichen Verwaltung zur Verfügung gestellt. Die Sammlung ist nach meiner Beobachtung schon seit mehreren Jahren immer up to date und öffentlich nutzbar.

http://www.umsetzungsberatung.de
Die anregende Seite wird von Winfried Berner zur Verfügung gestellt. Hier finden Sie in deutscher Sprache viele wichtige Begriffe des Change Managements erläutert. Einfach und gut.

http://www.bain.com/management_tools/tools_change.asp?groupCode=2
Die Seite der Unternehmensberatung Bain gibt einen prägnanten Überblick wichtiger Werkzeuge mit einem jeweils reichhaltigen Literaturverzeichnis

http://leadership.wharton.upenn.edu/welcome/index.shtml
Das ist die Homepage des Centers for Leadership and Change Management der Wharton Business School der University of Pennsylvania. Hier finden Sie umfassende Informationen über Konferenzen, Interviews und Porträts, Journals, weiterführende Links und Literaturempfehlungen.

http://www.the-art-of-change.com/artikel/toolsundtexte.html
Das ist die Seite meiner persönlichen Sammlung von Tools und Texten für Veränderungsmanagement. In einer Zusammenstellung bekannter und selbst entwickelter Werkzeuge halte ich hier meine Erfahrungen auf dem jeweils neuesten Stand.

Schluss und Danksagung

Das Geschäftsmodell für Veränderung hat sich geändert. Partielle Effizienzverbesserung reicht nicht mehr aus. Der Wettbewerb geht um die Veränderungsführerschaft der Geschäfte.

Wer gewinnen will, braucht eine neue Pragmatik des Wandels. Im Vordergrund steht mehr Inszenieren als Intervenieren, mehr Dramaturgie als Strategie, mehr virtuose Improvisation als Planung, mehr Regie als Projektmanagement, mehr Change Leadership als bloße Strukturveränderung. Gute Geschichten machen gute Geschäfte. Und die beste Geschichte gewinnt.

Dank an meine Kolleginnen und Kollegen von Systemic Consulting® Network (www.systemic-consulting.net), die mir in den letzten Jahren Aufmerksamkeit und Zeit zur Verfügung gestellt haben, die in diesem Buch dargestellten Thesen zu diskutieren.
Dank an das Netzwerk des Instituts für systemische Beratung Wiesloch (www.egroups.de/group/Netzwerk-ISB-Wiesloch) für die Unterstützung bei der Suche passender Zitate.
Dank an Hans Rudolf Jost (www.change-factory.com) für seine Hinweise zum Thema Unternehmenskultur.
Dank an Werner Beda Meier (www.traders.ch), mit dem ich Fragen und Anforderungen an wirkungsvolle Kommunikation in Veränderungsprojekten besprechen und vertiefen konnte.
Dank an Jutta Wegener für ihre wie immer äußerst kritische Sichtung und Kommentierung meines Entwurfs für dieses Buch.
Dank an Markus Körner für seine Hinweise zum Zusammenhang von Change Management und Projektmanagement.
Dank an meine Lerngruppe Heike Hengstenberg, Linda Lehmann und Urs Steinmann für ihre prägnanten Kommentare.
Und Dank besonders an meine Kunden für ihre kritische Aufmerksamkeit und auch Begeisterungsfähigkeit, wenn es darum geht, aus einer Veränderung eine gute Geschichte zu machen.

Zum Autor

Dr. Michael Loebbert ist seit fast zwanzig Jahren als Coach und Managementberater selbständig. Partner der Beratergruppe Systemic Consulting® Network. Veränderungsprojekte in Konzernunternehmen und sozialen Organisationen. Seine Schwerpunkte sind Kulturveränderung (Cultural Change), Leadership, Entwicklung interner Dienstleister, Coaching von Veränderungsprojekten und Veränderungsführern. Er ist namhafter Vertreter von „Storymanagement", der Anwendung von Geschichten für Management und Führung.

Studien in Kunsterziehung, Erziehungswissenschaft (Magister Artium) und Philosophie (Dr. phil. mit einer Arbeit zur Sprachphilosophie von Immanuel Kant). Weiterbildungen für Organisationsentwicklung, Betriebswirtschaft, Coaching, systemisches Management und Beratung. Zahlreiche Fachpublikationen und Vorträge.

Anschrift:
Dr. Michael Loebbert
Karlstraße 10
D-79650 Schopfheim
www.the-art-of-change.com

E-Mail:
info@the-art-of-change.com

Bücher für Veränderung

◉ **Alexander Höhn, Daniel F. Pinnow, Bernhard Rosenberger**
Vorsicht: Entwicklung!
Was Sie schon immer über Führung
und Change Management wissen wollten: Ein Streitgespräch
2003, 106 Seiten, gebunden
ISBN 3-931085-43-0

*„Wer sich für die Erfahrungen und Einschätzungen von Experten aus der Praxis
interessiert, hat das richtige Buch gewählt."* (Personalmagazin 1/2004)

◉ **Michael Mohe (Hrsg.)**
Innovative Beratungskonzepte
Ansätze, Fallbeispiele, Reflexionen
2005, 319 Seiten, mit Abbildungen, gebunden
ISBN 3-931085-51-1

*„Das vorliegende Buch stellt einen Überblick an innovativen Beratungskonzepten vor
und gibt sich kritisch konstruktiv in der Diskussion mit ausgewählten Beiträgen, die
der Herausgeber Mohe gekonnt präsentiert. Sehr empfehlenswert für die Praxis und
für an Consulting ernsthaft Interessierte. Lesen!"* (GFPMagazin 9/2005)

◉ **Andreas Patrzek**
Fragekompetenz für Führungskräfte
Handbuch für wirksame Gespräche mit Mitarbeitern
3. Aufl., 2005, 363 Seiten, mit zahlreichen Abb., gebunden
ISBN 3-931085-41-4

*„Das menschliche Zusammenleben in Organisationen, Verbänden oder Familien
wäre besser, wenn das berücksichtigt würde, was man in diesem Buch erfährt."*
(Prof. Dr. Dr. h.c. Lutz von Rosenstiel)

„Ein effektives Werkzeug für wirksamere Kommunikation." (business bestseller)

Rosenberger-Bücher
gibt es direkt beim
Verlag und überall
im Buchhandel

◉ **Sie finden Leseproben**
auf unserer Internetseite

●╱
Rosenberger
Fachverlag

Bücher für Berater
und Führungskräfte
Postfach 1616 · D 71206 Leonberg
Telefon 07152.22627 · Fax 24321
info@rosenberger-fachverlag.de
www.rosenberger-fachverlag.de